数字化转型浪潮下的
数据安全最佳实践指南

刘 博 范 渊 莫 凡 主编

电子工业出版社
Publishing House of Electronics Industry
北京·BEIJING

内 容 简 介

本书首先介绍了业内多个具备代表性的数据安全理论及实践框架。借鉴这些理论和框架的思想，基于丰富的数据安全项目实战经验，总结了一套针对敏感数据保护的 CAPE 数据安全实践框架；然后从数据常见风险出发，引出数据保护最佳实践，全面介绍了几个代表性行业的数据安全实践案例；最后详细介绍了相关数据安全的技术原理。

本书主要针对政府及电信、金融、医疗、教育等重点行业面临的最具威胁性和代表性的数据安全风险，总结了这些数据安全风险的应对方法和安全防护实践指南，详细介绍了当前市面上前沿和具有代表性的数据安全防护技术，并为广大读者提供了多个行业典型的数据安全最佳实践案例。希望读者能够从框架、风险、实施、技术等方面全面了解数据安全保护的理论和实践方法。

本书可以作为高校学生、信息安全行业从业者的数据安全的入门读物，也可作为相关机构或组织进行数据安全建设实践的参考指南。

未经许可，不得以任何方式复制或抄袭本书之部分或全部内容。
版权所有，侵权必究。

图书在版编目（CIP）数据

数字化转型浪潮下的数据安全最佳实践指南 / 刘博，范渊，莫凡主编. —北京：电子工业出版社，2022.12

ISBN 978-7-121-44613-9

Ⅰ．①数… Ⅱ．①刘… ②范… ③莫… Ⅲ．①数据处理–安全技术–指南 Ⅳ．①TP274-62

中国版本图书馆 CIP 数据核字(2022)第 228410 号

责任编辑： 张瑞喜
印　　刷： 中国电影出版社印刷厂
装　　订： 中国电影出版社印刷厂
出版发行： 电子工业出版社
　　　　　北京市海淀区万寿路 173 信箱　邮编： 100036
开　　本： 787×1092　1/16　印张： 11　字数： 267 千字
版　　次： 2022 年 12 月第 1 版
印　　次： 2022 年 12 月第 1 次印刷
定　　价： 50.00 元

凡所购买电子工业出版社图书有缺损问题，请向购买书店调换。若书店售缺，请与本社发行部联系，联系及邮购电话：（010）88254888，88258888。

质量投诉请发邮件至 zlts@phei.com.cn，盗版侵权举报请发邮件至 dbqq@phei.com.cn。
本书咨询联系方式： zhangruixi@phei.com.cn。

本书编委会

主编：刘 博　范 渊　莫 凡

参编人员：

程文博　马宇杰　聂桂兵　周 隽　秦 坤

姜 鹏　孙 佳　苗 雨　郑霞菲　宋舒意

推 荐 语

在信息时代，数据作为新型生产要素，在不断地收集、传输、存储、使用、加工、提供和公开的处理过程中创造着巨大的价值。与此同时，对数据的有效保护和合法利用，以及保障数据持续安全性的要求也越来越高。本书针对利用互联网等信息网络开展数据处理活动的安全保护需要，结合数据在全生命周期各个阶段中面临的各类威胁和风险，提供了针对具体安全场景的详细解决方案和实现方法，并与读者分享了多个行业的数据安全优秀实战经验，对于各个领域的运营者、管理者和技术人员都具有很高的参考价值。

——原中国计算机学会计算机安全专业委员会主任 严明

数据作为与土地、劳动力、资本、技术等传统要素并列的新型生产要素，加快数据要素市场培育，推进数据开放共享，提升数据资源价值，加强数据资源整合，强化数据安全保护，是国家提出的战略性要求；保障数据安全任重道远，又是必须做实做好的重要任务。本书作者长期从事数据安全领域的工作，水平高、实践经验丰富，他们把多年的经验和知识呈现给大家。本书以数据梳理为基础，以数据保护为核心，以监控预警为支撑，以全过程"数据安全运营"为保障，最终实现数据智能化治理的安全目标，为数据安全提供了系统化的解决方案。本书理论根基扎实、实战经验丰富、设计框架合理、技术措施到位，对相关行业的读者具有较高的借鉴意义。

——中国计算机用户协会副理事长 顾炳中

本书最大的亮点在于其理论与实践的紧密结合。书中的 CAPE 数据安全实践框架，从风险核查、数据梳理、数据保护和预警监控等环节提供了可行的安全体系建设的范本。此外，本书还对数据安全防护系统的设计、建设和运行等环节进行了系统的梳理和讲解。医疗行业是数据密集型行业，隐私数据、敏感数据、商业数据、患者和医院的保密数据等众多，自然地成为数据安全风险最高的领域之一，希望本书的理论知识与实践指南，能为医院数据安全建设者带来福音。

——中国医院协会信息专委会（CHIMA）主任委员 王才有

随着人类进入信息化社会，各类数据迅猛增长、海量聚集，数据对经济发展、人民生活产生了重大而深刻的影响。数据成为新型生产要素，数据安全已成为事关国家、社会、政治、经济、军事、民众，乃至个人安全与社会整体发展的重大问题。本书以数据安全实践为出发点，深度剖析了数据全生命周期各阶段采用的安全技术和行业数据安全建设实践，对于各行业实施数据安全建设，具有很好的示范性和参考价值。

中国信息通信研究院安全研究所所长　谢玮

在互联网大潮的冲击下，数据作为一种核心资产，既有产生、属主、利用、保存并产生收益等实体性，又具有传输、复制、修改、删除和隐藏等虚拟性。数据的作用与影响使任何人都不会忽视它的存在。数据作为一种虚拟资产，它的重要功能之一便是共享。如何在确保安全合规的前提下，保障数据的合理流通与使用，是业界都在权衡的一个核心难题。本书从法规和制度出发，对业界通用的数据安全框架做了全面解析，并对支持数据安全实践落地的关键技术做了介绍。对于需要开展数据安全保护的机构和组织有着极大的参考意义。

中国农业银行科技与产品管理局信息安全与风险管理处处长　何启翔

浙江大学"智云联合研究中心"在不断推进数字智慧校园建设的过程中，面临着一系列数据安全相关问题的挑战。本书以数据安全实践为出发点，深度剖析了数据全生命周期各过程域中采用的安全技术和数据安全建设实践，对于教育行业实施数据安全建设而言，具有很好的参考价值。

浙江大学信息中心主任、教授　陈文智

数字经济时代，数据连接着人们的生活、生产和社会关系，数据已经由原来简单的信息传递和展示功能变成了新时期社会关系中重要的生产要素，制定通行的被认可的数据流通和安全的标准变得非常重要。如何开展数据分类分级，如何保障数据安全是全球各国家和地区都在深度探讨的问题。

《数字化转型浪潮下的数据安全最佳实践指南》一书，从数据安全的法律法规、数据安全的理论框架、数据安全的常见风险等几个角度，系统化、体系化地分析了数据安全问题，同时用实践案例的形式生动形象地为大家展示了解决方法，理论性和实践性兼顾，为数据安全建设提供了从理论到实践的全方位指南。

赛迪顾问业务总监　高丹

伴随《中华人民共和国数据安全法》的发布与实施，如何有效进行数据安全建设已经成为一个新的热点话题。本书结合我国的法律法规和行业管理规定，全面讨论数据安全建设方面的问题，并提炼出一套 CAPE 数据安全实践框架。该框架可以帮助企业明晰数据安全建设思路，给予切实有效的数据安全建设指导。本书是企业在数据安全建设过程中非常值得阅读的指导材料。

IDC 中国助理研究总监　王军民

序　言

中国科学院院士　何积丰

近年来，以大数据、云计算、人工智能、物联网和 5G 通信网络为代表的新信息技术迅猛发展，数字经济已成为推动我国经济高质量发展的重要引擎，数据成为数字经济的基础性资源和生产要素。数据安全是我国加快推进社会数字化转型，完成"十四五"时期建设网络强国、数字中国等重要战略任务的基本保障。2021 年我国颁布了《中华人民共和国数据安全法》《中华人民共和国个人信息保护法》等相关法律法规，标志着我国网络数据法律体系建设日趋完善，也为数据安全保障提供了重要的法律依据。

国家"十四五"规划明确将"建立高效利用的数据要素资源体系"作为十项重点任务之一，提出了改善数据资源开发利用效率和加强数据安全保障的战略。数据资源安全有序开放必将带来数据的流通、共享，从而打破数据壁垒。然而，大量个人隐私和重要信息流动也带来了信息泄露和非法利用的风险。为了确保数据依法、合规、受控地有序流动，我们要充分整合从政府到行业再到企业层面的人力和资源，协同做好数据安全工作。

本书作为数据安全技术和实践的科普读物，分析了 DSG、DCAP、DSC、DGPC 和 DAPMM 等模型的数据安全防护经验与特色，提出用于敏感数据保护的 CAPE 数据安全实践框架。该模型采用预防性建设为主、检测响应为辅的技术路线，从风险核查、数据梳理、数据保护和预警监控等四个环节出发，以"身份"和"数据"为中心，有效防止敏感数据泄露、数据篡改等事件发生，是一个覆盖数据全生命周期的安全保障和监管框架。

同时，本书针对政府、运营商、金融、医疗、教育等重点行业面临的数据安全代表性场景，提出了有效的应对策略，介绍了当前常用的数据安全防护技术，为广大读者提供了有关行业的数据安全实践案例。本书立意高远，理论思考深入，方法扎实可行，具有很好的指导和示范意义。

前　言

当前，数字经济已经与公共服务、实体经济领域的数字化转型紧密贴合，不仅直接带动了以数据为核心资源的相关产业的发展，而且凭借其所具有的赋能效应，在信息技术的广泛渗透下，有效推动实体经济的质量变革、效能变革与服务变革。通过与经济社会的融合，众多数字经济相关产业在变革、重构、重组或迭代中获得勃勃生机，迸发出巨大的潜能，数字化转型正在体现出显著的成效。

政府组织和各企事业单位（简称政企）对数据的利用越来越多，数据驱动业务发展、数据与生产资料的深度融合，极大地促进了社会生产力的发展。同时，数据作为新型生产要素，在加工、流动、共享、处理、聚集与衍生中创造了更高的价值和收益。但是，伴随着正向收益的还有风险和危害，数据在流动和使用的过程中也存在各式各样的风险。比如，外部黑客攻击、内部越权访问、敏感数据泄露、核心数据被篡改、误操作导致数据丢失等，这些都会导致无可挽回的经济损失和核心竞争力缺失，面对上述新的安全挑战，将数据安全管理与数据安全技术融合，结合合规、经营策略、IT战略、业务、风险容忍度等实施数据安全治理，是政企、运营商、金融机构等组织面临的必经之路。

纵观信息化发展的历史，不难发现，随着各类业务应用的建立、集中、拆散、重构，信息系统之间开始打通、共享、协同，数据在组织内部和外部快速流转，促使数字化转型升级。

作为早期数据存储最重要的载体，数据库发挥着巨大价值，是信息化、数字化、智能化过程中重要的、不可替代的工具之一。

在数字化发展过程中，几乎所有的重要应用都是部署在数据库之上的，如：银行网银系统、证券交易系统、智慧城市系统、城市大脑的数据共享交换平台，等等。当数据堆积超过一定程度，面向主题的集成数据存储架构——数据仓库应运而生，信息产业就开始从以关系型数据库为基础的运营式系统慢慢向决策支持系统发展。随着数据的进一步产生和不断堆积，企业希望把生产经营中的所有相关数据都完整保存下来，进行有效管理与集中治理，挖掘和探索数据价值。数据湖就是在这种背景下产生的。数据湖是一个建立在数据库基础之上的集中存储各类结构化和非结构化原始数据的大型数据仓库，能够快速完成异构数据源的联邦分析、挖掘和探索数据价值等处理。数据湖的本质是由"数据存储架构+数据处理工具"组成的解决方案。

随着数据湖的出现，数字化技术和应用手段呈现出高速发展趋势，一种以数字化为手段，将数据抽象成服务的新型解决方案——数据中台成为了新贵，广义的数据中台可实现对海量数据进行采集、计算、存储、加工等一系列功能，是企业业务和数据的沉淀。它不仅能降低重复建设，减少"烟囱式"系统，也是支持政企数字化转型、智慧城市建设等应用中的重要工具。

数据是各类数据安全技术需要保护的核心目标。所以本书重点讨论在数字化改革的时代背景下，政企的数据安全应该如何建设。本书将从主流数据安全保护框架、常见数据安全风险防护、各行业数据安全实践等多个维度与读者进行讨论和分析。

本书借鉴了多个数据安全理论框架的思想，基于丰富的数据安全项目实战经验，总结了一套针对敏感数据保护的 CAPE（Check，风险核查；Assort，数据梳理；Protect，数据保护；Examine，监控预警）数据安全实践框架。该框架覆盖了数据安全防护的全生命周期过程，建立了以风险核查为起点，以数据梳理为基础，以数据保护为核心，以监控预警作为支撑，建立"数据安全运营"的全过程数据安全支撑体系，直至达到整体智治的安全目标。

本书的整体框架大致如下：首先介绍了业内多个具备代表性的数据安全理论及实践框架，然后从数据常见风险出发，引出数据安全保护最佳实践。接着全面介绍了几个代表性行业的数据安全实践案例，最后详细介绍了相关数据安全的技术原理。希望读者能够从框架、风险、实践、技术四个方面全面地了解数据安全保护。全书章节导图如图0-1所示。

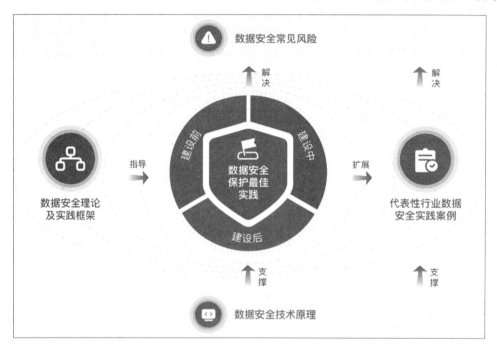

图 0-1　全书章节导图

本书的目标读者包括但不限于政企的首席数据官、首席安全官、首席信息官、数据安全从业者、数据分析师、数据开发者、数据科学家、数据库管理员，以及对数据安全技术实践落地感兴趣的学生等人群。希望读者通过本书的学习，在政企高速数字化转型过程中，能够合理规划设计数据安全整体方案，高效落地数据全生命周期的安全防护。鉴于时间仓促和能力有限，本书中如有不全面、不合理的内容，请读者多反馈指导和海涵。

反馈邮箱：ailpha@dbappsecurity.com.cn

刘　博

目　录

第1章　数字化转型驱动数据安全建设 ·· 1
1.1　数据安全相关法律简介 ··· 1
1.2　数据安全的市场化价值挖掘 ··· 2
1.3　政企数字化转型的战略意义和核心能力 ··· 3
　　1.3.1　政企数字化转型的战略意义 ··· 3
　　1.3.2　政企数字化转型的核心竞争力 ·· 5
1.4　数字化发展带来的安全威胁 ··· 6
　　1.4.1　数据安全形势日趋严峻 ··· 6
　　1.4.2　数据安全事件层出不穷 ··· 7
　　1.4.3　数据安全问题制约数字经济发展 ··· 8

第2章　数据安全理论及实践框架 ·· 10
2.1　数据安全治理（DSG）框架 ··· 10
2.2　数据安全管控（DSC）框架 ··· 12
2.3　数据驱动审计和保护（DCAP）框架 ·· 14
2.4　数据审计和保护成熟度模型（DAPMM） ····································· 15
2.5　隐私、保密和合规性数据治理（DGPC）框架 ······························· 17
2.6　数据安全能力成熟度模型（DSMM） ··· 19
2.7　CAPE数据安全实践框架 ··· 21
　　2.7.1　风险核查（C） ·· 23
　　2.7.2　数据梳理（A） ·· 23
　　2.7.3　数据保护（P） ·· 24
　　2.7.4　监控预警（E） ·· 24
2.8　小结 ·· 24

第3章　数据安全常见风险 ··· 26
3.1　数据库部署情况底数不清（C） ·· 26
3.2　数据库基础配置不当（C） ·· 27
3.3　敏感重要数据分布情况底数不清（A） ··· 28
3.4　敏感数据和重要数据过度授权（A） ·· 29
3.5　高权限账号管控较弱（A） ·· 30
3.6　数据存储硬件失窃（P） ·· 31
3.7　分析型和测试型数据风险（P） ·· 32

3.8	敏感数据泄露风险（P）	33
3.9	SQL 注入（P）	35
3.10	数据库系统漏洞浅析（P）	37
3.11	基于 API 的数据共享风险（P）	37
3.12	数据库备份文件风险（P）	40
3.13	人为误操作风险（E）	41

第 4 章 数据安全保护最佳实践 · 43

4.1 建设前：数据安全评估及咨询规划 · 43
- 4.1.1 数据安全顶层规划咨询 · 43
- 4.1.2 数据安全风险评估 · 44
- 4.1.3 数据安全分类分级咨询 · 45

4.2 建设中：以 CAPE 数据安全实践框架为指导去实践 · 46
- 4.2.1 数据库服务探测与基线核查（C） · 46
- 4.2.2 敏感数据分类分级（A） · 47
- 4.2.3 精细化数据安全权限管控（A） · 51
- 4.2.4 对特权账号操作实施全方位管控（A） · 52
- 4.2.5 存储加密保障数据存储安全（P） · 53
- 4.2.6 对分析和测试数据实施脱敏或添加水印（P） · 55
- 4.2.7 网络防泄露（P） · 61
- 4.2.8 终端防泄露（P） · 64
- 4.2.9 防御 SQL 注入和漏洞（P） · 66
- 4.2.10 及时升级数据库漏洞或者虚拟补丁（P） · 69
- 4.2.11 基于 API 共享的数据权限控制（P） · 73
- 4.2.12 数据备份（P） · 75
- 4.2.13 全量访问审计与行为分析（E） · 78
- 4.2.14 构建敏感数据溯源能力（E） · 79

4.3 建设中：数据安全平台统一管理数据安全能力 · 82
- 4.3.1 平台化是大趋势 · 82
- 4.3.2 数据安全平台典型架构 · 84

4.4 建设后：持续的数据安全策略运营及员工培训 · 86
- 4.4.1 数据安全运营与培训内容 · 86
- 4.4.2 建设时间表矩阵 · 87

第 5 章 代表性行业数据安全实践案例 · 89

5.1 数字政府与大数据局 · 89
- 5.1.1 数字经济发展现状 · 89
- 5.1.2 数据是第五大生产要素 · 89
- 5.1.3 建设数字中国 · 89
- 5.1.4 数据安全是数字中国的基石 · 89

		5.1.5 大数据局数据安全治理实践	90
		5.1.6 数据安全治理价值	91
	5.2	电信行业数据安全实践	92
		5.2.1 电信行业数据安全相关政策要求	92
		5.2.2 电信行业数据安全现状与挑战	93
		5.2.3 电信行业数据安全治理对策	93
	5.3	金融行业数据安全实践	95
		5.3.1 典型数据安全事件	95
		5.3.2 金融行业数据风险特征	95
		5.3.3 金融行业数据安全标准	96
		5.3.4 金融数据安全治理内容	97
	5.4	医疗行业数据安全实践	99
		5.4.1 医疗数据范围	99
		5.4.2 医疗业务数据场景与安全威胁	100
		5.4.3 数据治理建设内容	101
		5.4.4 典型数据安全治理场景案例	103
	5.5	教育行业数据安全实践	104
		5.5.1 安全背景	104
		5.5.2 现状情况	104
		5.5.3 安全需求	105
		5.5.4 安全实践思路	106
		5.5.5 总体技术实践	107
		5.5.6 典型实践场景案例	110
	5.6	"东数西算"数据安全实践	112
		5.6.1 "东数西算"发展背景	112
		5.6.2 "东数西算"实践价值	112
		5.6.3 "东数西算"实践内容	112
第6章	数据安全技术原理		115
	6.1	数据资产扫描（C）	115
		6.1.1 概况	115
		6.1.2 技术路线	116
		6.1.3 应用场景	119
	6.2	敏感数据识别与分类分级（A）	119
		6.2.1 概况	119
		6.2.2 技术路线	120
		6.2.3 应用场景	123
	6.3	数据加密（P）	123
		6.3.1 概况	123
		6.3.2 技术路线	123

6.3.3 应用场景 ………………………………………………………… 128
6.4 静态数据脱敏（P） ………………………………………………… 129
6.4.1 概况 …………………………………………………………… 129
6.4.2 技术路线 ……………………………………………………… 130
6.4.3 应用场景 ……………………………………………………… 133
6.5 动态数据脱敏（P） ………………………………………………… 134
6.5.1 概况 …………………………………………………………… 134
6.5.2 技术路线 ……………………………………………………… 135
6.5.3 应用场景 ……………………………………………………… 137
6.6 数据水印（P） ……………………………………………………… 138
6.6.1 概况 …………………………………………………………… 138
6.6.2 技术路线 ……………………………………………………… 140
6.6.3 应用场景 ……………………………………………………… 142
6.7 文件内容识别（P） ………………………………………………… 143
6.7.1 概况 …………………………………………………………… 143
6.7.2 技术路线 ……………………………………………………… 144
6.7.3 应用场景 ……………………………………………………… 149
6.8 数据库网关（P） …………………………………………………… 150
6.8.1 概况 …………………………………………………………… 150
6.8.2 技术路线 ……………………………………………………… 152
6.8.3 应用场景 ……………………………………………………… 155
6.9 UEBA异常行为分析（E） ………………………………………… 156
6.9.1 概况 …………………………………………………………… 156
6.9.2 技术路线 ……………………………………………………… 156
6.9.3 应用场景 ……………………………………………………… 158
6.10 数据审计（E） …………………………………………………… 159
6.10.1 概况 ………………………………………………………… 159
6.10.2 技术路线 …………………………………………………… 160
6.10.3 应用场景 …………………………………………………… 162

第 1 章 数字化转型驱动数据安全建设

数字化时代，数据已经成为政府和企业的核心资产。经济全球化带来商品、技术、信息、服务、货币、人员、资金、管理经验等生产要素的全球化流动，数据这个重要的生产要素在企业与企业、政府与企业、国与国之间快速流转、处理和使用，数据资源的作用、影响和价值变得越来越重要。与此同时，数据泄露事件造成的影响也逐步增加。

对数据掌控、利用和保护的能力已成为衡量国家之间竞争力的核心要素。

1.1 数据安全相关法律简介

从2015年开始，我国陆续发布多项与数据相关的法律法规。2015年8月，国务院印发《促进大数据发展行动纲要》；2018年3月，国务院办公厅印发《科学数据管理办法》；2020年4月，中共中央、国务院印发《关于构建更加完善的要素市场化配置体制机制的意见》；2021年3月，新华社刊发《中华人民共和国国民经济和社会发展第十四个五年规划和2035年远景目标纲要》（简称"十四五"规划）；2021年6月，国家颁布《中华人民共和国数据安全法》，在我国数据安全法律方面增添了重要的一块拼图。

《中华人民共和国数据安全法》《中华人民共和国网络安全法》《中华人民共和国个人信息保护法》等法律法规共同构成更加完整的信息领域法律体系，为维护我国的数据主权，保障国家的安全、促进经济健康发展起到重要的支撑和保障作用。

近年来数字经济的高速增长也证明数字经济发展空间巨大。中国信息通信研究院发布的《中国数字经济发展白皮书（2021年）》数据显示，我国数字经济的总体规模已从2005年的2.62万亿元增长至2019年的35.84万亿元；数字经济总体规模占 GDP 的比重也从2005年的14.20%提升至2019年36.20%（图1-1）。可见，数字经济已成为我国国民经济增长要素的重要一员。

大力发展以创新为主要引领和支撑的数字经济，不仅要充分了解数据资源的基础资源和创新引擎的作用，还要防范滥用数据资源、忽视数据安全所带来的负面效应。

纵观数据产业发展的历史，我们发现随着"烟囱式"系统的逐渐重构，信息系统之间开始打通、共享、协同，数字经济时代重要的生产要素——"数据"在企业内外部快速流转。企业在享受数字化转型带来的红利的同时，业务中的数据安全隐患、冲突和造成的损失也日益严重。在数字化转型的大背景下，政企需要将数据安全架构当成组织架构的核心问题，在保障业务发展和业务敏捷度之间找到可行且有效的平衡策略与方案，有效护航政企数字化转型。

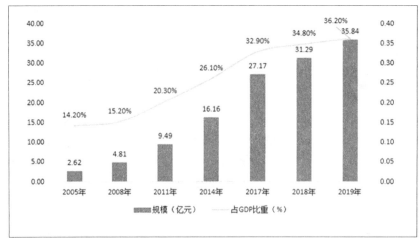

资料来源：中国信息通信研究院前瞻产业研究院

图 1-1　2005—2019 年我国数字经济总体规模及占 GDP 比重

1.2　数据安全的市场化价值挖掘

1. 数据安全的市场化发展趋势

数据是现代信息化社会的重要核心资源，是企业乃至国家全面、快速发展的重要保障性资源。2021年，中国信息通信研究院等组织公布的数据显示，我国数据安全市场规模预计将在2023年预计达到97.5亿元，在整体数据安全市场占比达到12.1%，核心客户购买实力雄厚，可贡献约40亿元收入。根据 IDC（中国）在2021年发表的《IDC 全球网络安全支出指南》中的预测数据，中国网络安全市场投资规模有望在2025年增长至187.9亿美元，增速持续领跑全球。预计未来，政府、金融、医疗卫生及能源行业在数据安全领域的投入有望增加1至3倍，整体数据安全领域仍有近1倍的弹性增长空间（图1-2）。

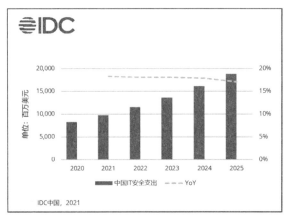

资料来源：IDC 中国，2021

图 1-2　中国 IT 安全市场支出预测（2020—2025 年）

当前，数据产业规模为万亿元级，其中的数据安全产业尚处于发展初期，仅占据总产业规模的5%~10%。而随着数据安全技术与行业结合更密切，应用场景更丰富，这个市场将迎来更大的机遇。

2. 数据安全的技术发展趋势

2021年，美国Gartner公司（以下简称Gartner）发布的2021年安全运营技术成熟度曲线涵盖了31种数据安全技术，其中超过70%技术处在"稳步爬升期"之前，说明该领域创新技术活跃，有着巨大的发展空间（图1-3）。

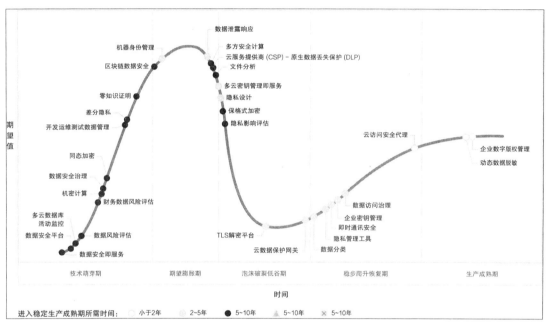

资料来源：Gartner，2021（作者译）

图1-3　2021年安全运营技术成熟度曲线

1.3　政企数字化转型的战略意义和核心能力

1.3.1　政企数字化转型的战略意义

传统产业如果未能积极利用新技术、新设备和新的管理思想，其发展情况和经营状况会普遍落后，这也显示出信息技术的重要作用，体现了数字经济的巨大活力。近年来，传统产业发展遭遇严重制约，数字经济开始崭露头角。《数字中国发展报告（2020年）》的数据显示，至2019年，我国数字经济发展活力不断增强，数字经济核心产业增加值占GDP的比重达到7.8%。

数字化转型通常被定义为对组织的工作内容、生产流程、业务模式和人员与资源管理等全部实现计算机化、数字化、网络化，并与上下游的供应商和客户建立有效的网络化、数字化连接。由于数字化转型不是简单地从"非数字化"到"数字化"的过程，其本质是从业务需求出发最终回归到完整的业务数字化解决方案，因此不同机构的数字化转型路径各不相同。近年来，数字化转型也可以理解为利用移动互联网、大数据、云计算、人工智能等数字化技术来推动组织转变业务模式和组织架构等的变革措施，例如近年来衍生的智能制造、智慧城市等概念。数字化转型是新时代的新需求，一些行业先行者的数字化转型案例已经充分说明，传统专业需要数字化转型来达到质的改变，数字化转型的市场需求是巨大的。虽然数字化转型浪潮已至，但"数字化"这三个字对很多传统企业来说，却一直是机遇和挑战并存。数字化转型的意义是通过数字化技术来大幅提高创新的能力，重塑业务，以获取更为快速的商业成功。由于很多传统企业不具有天然的数字化基因，所以在数字化的进程中往往更需要第三方的服务机构帮助完成，这也被称为"数字化护航"。

对于中小型企业，特别是数据安全能力建设较为薄弱的企业，建议考虑采用"零信任"合作模式进行信息化建设。企业将着眼于数据管理的整个生命周期，并将关注点从数据安全本身扩展到企业整体信息安全框架。

1. 金融行业数字化转型

在金融行业数字化转型带来正面效益的同时，金融业务中的数据安全的种种问题也成为金融业数字化转型中亟须解决的问题。2020年国内某商业银行在未经用户允许的情况下泄露用户个人信息案件、一些电商平台的"大数据杀熟"事件，以及2021年中央电视台"315"晚会爆出的各种个人隐私泄露事件……似乎在告诉我们一个我们不愿意相信但确实已经存在的事实：经营者在数字技术上应用得越专业、纯熟，消费者就越处于不利地位；个人隐私有可能成为经营者手中用于利益交换的廉价甚至免费的筹码。

金融行业在数字化转型的过程中，需要营造良好的安全生态。国家和行业层面需要完善相关法律法规，加强监管；企业层面需要从制度、技术、业务、架构各个维度加强自身建设。未来，数据安全能力将成为数字化转型成果的"试金石"之一，即数字化的成功必须有数据安全作为基本保障。

2. 医疗行业数字化转型

医疗数字化转型拉动了整个医疗信息系统的架构升级，从传统的"医院—卫生健康委员会"转向"企业—医院—卫生健康委员会""三方式"的平台架构，这种架构逐渐成为医疗升级的基础保障。随着医疗大数据体系建设的逐渐深入，医院和患者享受到了数字化挂号、化验、检查、病历数字档案、医院间信息共享等种种便利，但是也陆续暴露出医疗数据保护的问题和难点。目前，我国尚缺明确的法律、法规或行业管理规定来确定医疗数据的归属，因此许多 AI 医疗组织只需通过与医院或主管负责人员合作科研项目，就可获得医院海量的医疗数据，这些科研数据的安全已成为医疗行业亟须解决的问题。如何在更好地保护患者健康隐私的前提下，实现医疗数据安全、高效的共享开放？随着多方数据安全融合计算、联邦学习、同态加密、区块链等技术的发展，这一问题相信会得到解决。

3．电信运营商数字化转型

电信运营商（指提供固定电话、移动电话和互联网接入的通信服务公司）在数字化创新的过程中逐渐转型为数据运营驱动型企业，如何保障并进一步提升数字化转型成果？建议从数据安全保障能力和数据安全运营能力两个层面进行建设，数据安全是保障企业数字化转型的前提，数据运营是企业数字化转型的驱动，二者如一体双翼，缺一不可。

电信运营商拥有大量的客户数据，且数据准确性高，每天实时更新，国内能大规模掌握此类精准数据的，只有电信运营商和大型互联网公司。互联网公司通过介入支付领域，拥有了部分用户的电信和金融两类数据，电信运营商的数据有2000余个标签，而互联网公司针对客户的标签会有2~5万个，具体到企业或个人可能有近百或上千个。因此，电信运营商在数字化转型浪潮中需要考虑开放数据与第三方合作，这对电信运营商的数据安全管控能力和数据开放共享能力提出了很高的要求。

4．教育行业数字化转型

近年来很多教育组织的教学方式从面授向线上转型，与此同时，大量教育组织也获取和存储了大量学生及家长的个人敏感信息，如名、地址、电话、身份证号等信息，这些都是最重要的核心敏感数据。

然而，近几年数据泄密事件时有发生，在造成学生个人隐私信息泄露的同时，也给学生心理带来打击，甚至酿成悲剧。这虽属个别的极端事件，但也必须引起相关组织、管理者及用户个人的警觉。

如何做好数据信息防护已成亟须解决的问题。在预防外部攻击的同时，也要严防内部泄露，通过对数据进行有效分类分级、敏感数据脱敏显示、精细化的访问控制，对数据访问行为进行完整审计，并基于用户行为分析进行全面预警，保证数据安全的全程防护。

1.3.2 政企数字化转型的核心竞争力

我国政企数字化转型，应始终坚持以客户为中心，以数据安全能力为基础。努力构建数字洞察、数字营销、数字创新、数字风控和数字运营五大核心竞争力。

数字洞察。数字洞察指以数字化方式深入了解客户，是数字化运营最基本的能力，也是数字化转型需要优先培养的能力。谁最了解客户，谁能提供符合客户需求的产品和服务，谁就能拥有更多的获客量，要做到这些，数字洞察是一个重要的前提和手段。因此，必须加强客户信息系统和数据平台建设，加强对外部数据资源的采集和整合，建立统一的客户标签体系，提高客户聚类和客户画像能力。

数字营销。数字营销对于实现"团队—渠道—客户—产品"的良好匹配，实现团队与渠道的对接，实现人员能力提升，实现企业快速发展均具有重要作用。数字营销涉及客户洞察、产品与服务匹配、内容操作、营销策略管理、营销活动管理、人员培训和绩效管理等多个方面，是一个多功能的数字闭环系统。

数字创新。大数据时代为个性化、差异化、定制化的产品和服务创新开辟了广阔空间。通过数据驱动的客户洞察，精准把握和细分客户的需求，通过大数据进行趋势分析和产品设计，实现产品定制和个性化定价。

数字风控。通过对大数据建模和机器学习技术的分析，对风险和违规进行预判和把控。比如：对直播营销中不合法、不合规的内容，违反公序良俗或基本道德规范的话题，当前热点事件或敏感话题等进行舆情把控。在数字化合法合规运维中，审计和风险预警等也发挥着重要作用。

数字运营。通过数字化升级带动流程再造和业务模式变革，实现业务、财务、人力资源管理的数字化、智能化升级，降低运营成本，提高运营效率，推动组织经营管理和决策向以数据为支撑的科学管理转变。

1.4 数字化发展带来的安全威胁

1.4.1 数据安全形势日趋严峻

数字化发展带来全新的网络威胁和安全需求，安全不仅是指信息和网络的安全，更是国家安全、社会安全、基础设施安全、城市安全、人身安全等更广泛意义上的安全，安全发展进入大安全时代。

在当前数字化社会、数字政府建设、现代化国防建设、智能化转型的趋势下，筑牢国家数据、个人信息、智能应用服务、新型信息基础设施网络安全防护屏障，是统筹安全与发展双向驱动的必然之路。网络空间作为继陆、海、空、天之后的第五维空间，已成为信息时代国家间博弈的新舞台和战略利益拓展的新疆域。

2021年8月发布的第48次《中国互联网络发展状况统计报告》数据显示，截至2021年6月，我国网民规模达10.11亿户，较2020年12月增长2175万户，互联网普及率达71.6%。十亿用户接入互联网，形成了全球最为庞大、生机勃勃的数字化社会。

我国建立了全球最大的信息通信网络，在新基建不断发展的同时，网络空间的安全形势非常严峻。安全漏洞的普遍性、后门的易安插、网络空间构架基因的单一性、攻防双方的不对称性使得安全漏洞无法被根除且容易被利用，从而导致安全事件频发，给数字经济的发来带来隐患。

近年来，全球针对政府组织大规模、持续性的网络攻击层出不穷，成为国家安全的重要隐患，常见的攻击类型包括数据泄露、勒索软件、DDoS攻击、APT攻击、钓鱼攻击及网页篡改等。国家互联网应急中心发布的《2019年中国互联网网络安全报告》数据显示，2019年我国境内遭篡改的网站约有18.6万个，其中被篡改的政府网站有515个。

在国家计算机网络应急技术处理协调中心发布的《2020年中国互联网网络安全报告》中，对通过联网造成的数据泄露行为进行分析。报告显示，2020年累计监测并通报联网信息系统数据存在安全漏洞、遭受入侵控制、个人信息遭盗取和非法售卖等重要数据安全事件3000余起，涉及电子商务、互联网企业、医疗卫生、校外培训等众多行业组织。

近年来，我国以数据为新生产要素的数字经济蓬勃发展，数字经济已成为国际竞争的重要指标。数据被盗、数据端口对外网开放、数据违规收集等数据安全问题，也愈发突出。《中华人民共和国数据安全法》的实施使得企业在进行数据的获取、使用、处置及侵权或争议处理时有法可依。随着法律法规越来越完善、监管越来越严格，企业在数据安全管理方面的合法合规刻不容缓。

1.4.2 数据安全事件层出不穷

第47次《中国互联网络发展状况统计报告》数据显示，2020年国家信息安全漏洞共享平台收集整理信息系统安全漏洞20721个，同比上一年增长28.0%，高危漏洞数量为7422个，同比增长52.2%。表现在三个方面，全球网络空间局部冲突不断，国家级网络攻击频次持续增加，攻击复杂性呈上升趋势；国家级网络攻击正与私营企业技术融合发展，网络攻击私有化趋势明显增强；网络攻击与社会危机交叉结合，国际上陆续发生多起有重大影响的网络攻击事件。

根据IBM公司在2020年和2021年《数据泄露成本报告》的调查和数据，数据泄露有23%是由于人为失误造成，52%是恶意攻击带来，25%是由于系统故障导致。2020年到2021年间，数据泄露成本增加了10%，其中医疗保险行业的数据泄露成本连续11年位居首位，从2020年的713万美元增加到2021年的923万美元，增幅为29.5%。

综合网络媒体的报道，2021年国际上发生了多起重大网络安全事件。

2021年8月，美国某公司旗下的一家生育诊所的网络被攻击，不仅仅泄露了大量用户个人信息，包括姓名、地址、电话号码、电子邮件地址、出生日期和账单等；同时还泄露了大量健康信息，包括CPT代码、诊断代码、测试申请和结果、测试报告和病史信息等。该公司还承认，在此次攻击事件中，被泄露驾驶执照号码、护照号码、社会安全号码、金融账户号码和信用卡号码等信息的人不计其数。

2021年10月，加拿大某省卫生网络遭到网络攻击造成瘫痪，导致全省数千人的医疗预约被取消。黑客窃取了近14年以来众多东部卫生系统患者与员工的个人信息，包括患者的姓名、地址、医保编号、就诊原因、主治医师与出生日期等，员工信息则可能包括姓名、地址、联系信息与社会保险号码。医疗数据泄露的严重性可上升到国家安全层面。

在国际赛事活动中也发生过数据泄露事件。2018年2月，平昌冬奥会开幕式遭遇网络袭击，当晚，互联网、广播系统和奥运会网站都出现问题，致使许多观众无法打印入场券，导致座位空置。2021年7月，东京奥运会（包括东京残奥会）部分购票人的ID和密码遭到泄露，包括购票人的姓名、地址、银行账户等信息。

核心数据资产泄露不仅发生在医疗网络、企业、国际性赛事活动中，更是在某些国家的政府机构中出现。如：2018年10月，非洲某国家70多个政府网站遭受黑客的DDoS攻击；2019年9月联合国信息和技术办公室共42台服务器遭受APT组织攻击，导致约400GB的文件被盗，据报道其中包括员工记录、健康保险和商业合同等数据。

2020年1月，英国教育部数据的信息访问权被一家博彩公司非法获取，该数据库包含2800万儿童的记录，包括学生姓名、年龄及详细地址等信息。这是英国政府近年来发生的最大的一起数据泄露事件。

2020年4月，德国某州政府网站遭遇钓鱼软件的攻击，黑客利用钓鱼电子邮件吸引用户注册以窃取个人详细信息，粗略估计至少造成3150万欧元的损失。

2020年6月，美国某政府组织被"激进组织"窃取了296GB的数据文件，这些数据包含了美国200多个警察部门和执法融合中心（Fusion Centers）的报告、安全公告、执法指南等。

政府机构拥有的数据被泄露不仅危害自身业务，同时还会导致民众个人隐私信息遭到泄露。

大数据时代，数据作为数字经济最核心、最具价值的资源，正深刻地改变着人类社会的生产和生活方式。据统计，2020年全球公开范围报告了将近4000起重要的安全泄露事件，泄露的记录数量达到惊人的370亿条。其中，政务数据、医疗数据及生物识别信息等高价值特殊敏感数据泄露风险加剧，云、端等数据安全威胁在各类风险中处于高位。数据安全已经上升到国家主权的高度，是国家竞争力的直接体现，是数字经济健康发展的基础。

1.4.3 数据安全问题制约数字经济发展

2020年以来，网络教学、视频会议、直播带货、在线办公等新业态迅速成长，数字经济显示了拉动内需、扩大消费的强大带动效应，促进了我国经济的稳定与增长。保障数字经济的健康发展对世界经济发展意义重大。

当前，我国的数字经济具有巨大的发展空间，数字经济深刻融入了国民经济的各个领域。从全球范围来看，随着新一轮科技革命和产业变革的加快推进，数字经济为各国经济发展提供了新动能，并且已经成为世界各国竞争的新高地。

数据安全已经成为国家安全的重要组成部分。《促进大数据发展行动纲要》提出了"数据已成为国家基础性战略资源"的重要判断。《关于构建更加完善的要素市场化配置体制机制的意见》，分类提出了土地、劳动力、资本、技术、数据五个要素领域改革的方向，明确了完善要素市场化配置的具体举措，数据作为一种新型生产要素被写入文件。与此同时，由于数据广泛使用而衍生的新问题也层出不穷。一方面，碎片化的海量数据被挖掘、整合、分析，不断产生着新价值，让人们工作与生活日益便捷高效；另一方面，数据泄露、数据贩卖、数据勒索事件时有发生，也给人们生产生活带来新困扰。

随着数据量激增和数据跨境流动日益频繁，有效的数据安全防护和流动监管将成为国家安全的重要保障。数据与国家的经济运行、社会治理、公共服务、国防安全等方面密切相关，一些个人隐私信息、企业核心数据甚至国家重要信息的泄露，给社会安全甚至国家安全带来隐患。

除此之外,在全球范围内,以数据为目标的跨境攻击也越来越频繁,并成为挑战国家主权安全的跨国犯罪新形态。除了数据本身的安全,对数据的合法合规使用也是数据安全的重要组成部分,违规使用数据或进行数据垄断,不合法合规地保存或移动数据,也将对数据安全产生威胁。

第 2 章　数据安全理论及实践框架

数据安全的规划和建设并不是一个全新的话题，但是之前的大多数解决方案是以满足合规性为主要目的。在很多组织经历了数据泄露风险和事件之后，安全性现在已成为以数据为中心的数字化转型战略的关注重点。当前，数据量的快速增长和数据泄露事件频发的趋势，加上组织内外不断扩大的数据使用需求，极大地改变了对数据保护及其解决方案的诉求。由于数据安全涉及数据生产、传输、存储、使用、共享、销毁等全生命周期的每一步，并且涉及众多参与者，所以一个成功的数据安全方案的规划和建设需要借鉴一些有经验的模型框架。这里我们介绍几个常见的数据安全模型框架。

2.1　数据安全治理（DSG）框架

Gartner 将数据安全治理（Data Security Governance，简称 DSG）定义为："信息治理的一个子集，专门通过定义的数据策略和流程来保护组织数据（包含结构化数据和非结构化文件的形式）。"数字化企业从不断增长的数据量中创造价值，但不能忽视与之同时增长的风险。安全和风险管理负责人应制定一个数据安全治理框架，以减少数据安全和隐私保护可能出现的风险。随着数据被共享给业务合作伙伴和其他数据生态系统，数据安全、隐私保护、信任等问题将会增加。DSG 框架可以帮助减少相关风险，从而实现有效的安全防御。

企业在数字化转型中面临着两个大的挑战：一是加强数据和分析治理，提高竞争优势的业务需求；一是加强安全和风险治理，制定适当的安全策略以降低业务风险。数据安全治理（图2-1）有助于在两者之间取得一个最佳的平衡。DSG 框架可以帮助制定合适的安全策略和管理规则，这些管理规则可以进行协调和管理。

图 2-1　数据安全治理的融合

在进行数据安全建设准备的时候，大多数人会直接从最流行或者自己认为最重要的某个技术或者产品开始。但是在 DSG 框架（图2-2）中，这并不是一个最佳、最有效的开始位置，因此该框架明确指出"不要从这里开始"。因为具体的产品或者技术是被孤立在其提供的安全控制和其操作的数据流中的，单一产品很难从全局或者全生命周期的视角降低业务风险。

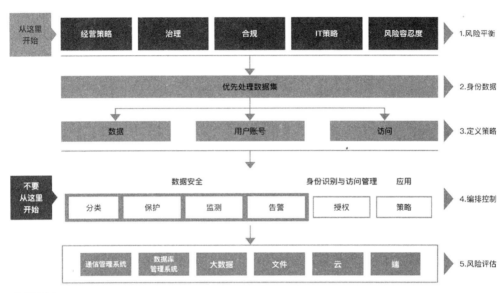

资料来源：Gartner ID 465140

图 2-2　DSG 框架

安全体系的决策者需要了解机会成本对业务的影响，评估在安全和隐私方面的投资是否会降低业务风险。所以数据安全治理应该从解决业务风险开始（图2-3）。这对数据安全管理者来说是一个巨大的挑战。

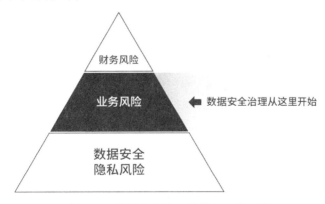

图 2-3　数据安全治理从业务风险开始

不同的数据或隐私风险对业务风险和财务风险的影响不同，其处理优先级也不同，即按照不同的优先级进行考虑和解决。数据集会发生变化，并在本地数据库和云服务之间流动。此外,部署多个应用和安全产品将产生多个管理控制台。管理者独立于安全管理团队和隐私管理团队之外,每个团队都有单独的预算;每个管理控制台具有不同的数据安全控制和管理权限,甚至对相同用户的不同账户也会有不同的控制策略;这些控件策略在不同的存储位置、终端或数据传输路径上以不同的方式执行。这些因素会导致不一致,增加了数据和隐私风险,从而可能产生业务风险。从统一的业务视角甄别和梳理数据安全风险,并与业务相关人建立紧密的支持或合作关系,对于确定如何缓解这些业务风险至关重要。

大多数企业的安全投资和策略都对应着一系列不同的产品,并对一些数据库和数据流通道进行了不同程度的控制。因此,开展全面的数据普查和地图创建工作,并确定现有数据安全和访问控制的状态是非常重要的。作为初始步骤,可以为某个垂直的数据流路径或者特定的数据集创建数据地图。

接下来需要使用数据发现产品,对存储在不同数据库的数据进行发现、梳理和关联。通常需要使用多种类型的产品和技术来覆盖存储、流通、分析和终端等不同的场景。因此,需要跨多个管理控制台进行手动编排,以确保数据发现、梳理、关联的一致性。然后,根据核心数据发布情况(图2-4),从业务风险较高的数据开始,创建与之相关的业务流程和应用程序清单。

图 2-4 核心数据分布情况

当完成了 DSG 框架所建议的工作之后,就可以进入数据安全产品和技术的预研、部署、上线和调整优化等环节。选择合适的工具,参照最佳实践,常态化地实现数据安全运营,往往比通过 DSG 框架从业务风险找突破口、制定项目目标更加有挑战性,也更加关键。在当前大部分政企快速数字化转型的进程中,安全管理部门与业务部门找到明显的薄弱环节和数据安全的风险点并达成共识是相对容易的。

2.2 数据安全管控(DSC)框架

Forrester 提出的数据安全管控(Data Security Control,简称 DSC)框架把安全管控数据分解成三大领域:定义数据、分解和分析数据、防御风险和保护数据(图2-5)。

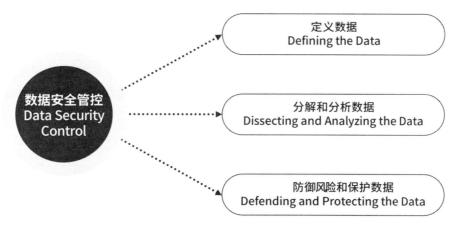

图 2-5　数据安全控制的三大领域

1．定义好数据可以简化数据管控

我们不太可能完完全全地把数据保护起来，比如把所有的数据都加密从运维的角度来说太复杂了，而且效率比较低。为了更好地了解所要保护的数据，进行数据发现和数据分类非常关键。

① 数据发现。

为了保护数据，我们必须首先知道数据都存储在哪里。

② 数据分类。

数据分类是数据保护的基石，首先需要制定相应的标准。当然，数据分类的标准会随着业务和数据的变化而有所变化。

2．分解和分析数据帮助更好地制定安全策略

剖析数据的商业价值及其在业务中的重要性，然后决定相应的安全策略和技术。比如对于经常与外部交换的敏感数据，安全团队可以部署能够实现安全协作的方案；对于内部业务部门希望用于数据分析的敏感数据，可以对使用中的数据进行保护或进行匿名去标识化处理。同时，了解数据的状态很重要：数据是如何流动的？谁在使用这些数据？使用频率如何？使用的目的是什么？这些数据是如何收集的？如果数据完整性受到破坏，会产生怎么样的后果？

3．防御风险和保护数据免受威胁

随着数据风险的加大，以及攻击的数量和复杂程度的增加，DSC 框架建议了四种方法。

① 控制访问。

确保正确的用户能够在正确的时间访问正确的数据。要在整个生命周期中保护数据，并严格限制可以访问重要数据的人数，持续监控用户的访问行为。

② 监控数据使用行为。

帮助安全团队预先提示潜在的滥用行为。可以通过部署用户实体行为分析（User and Entity Behavior Analytics，简称 UEBA）等工具，并将其与安全分析集成，来实现主动保护敏感数据所需的可见性。

③删除不再需要的数据。

通过适当的数据发现和分类，可以防御性地处置不再需要的敏感数据。安全、防御性地处理数据是一种强大的防御策略，可以降低法律风险，降低存储成本，并降低数据泄露的风险。

④混淆数据。

不法分子利用互联网上的"地下黑市"买卖敏感数据。我们可以通过使用数据抽象和模糊技术（如加密、去标识化和掩蔽）生成"混淆数据"，来降低数据的价值。

2.3 数据驱动审计和保护（DCAP）框架

跨越多种异构数据库的数据生成和使用正在呈指数级地高速增长，使得原有的数据安全保护方法不再充分有效。因此需要在数据安全体系结构和产品技术选择方法上进行较大的调整和优化。为了业务的发展，许多企业都为"数据孤岛"式的使用场景建立了单独的团队，没有对数据安全产品、策略、管理和实施进行统一的规划和管理。为此，Gartner提出了以数据为中心的审计和保护（Data-Centric Audit and Protection，简称DCAP）框架。DCAP框架是一类产品，其特点是能够集中监控不同的应用、各类用户、特权账号管理员对数据的使用情况提供六种支持能力（图2-6）。甚至可以通过机器学习或行为分析的算法，提供智能化的更高级别的风险洞察力。结合上文提到的DSG框架，通过跨越非结构化、半结构化和结构化数据库或存储库的应用数据安全策略和访问控制来实现数据保护。

图 2-6 DCAP 框架提供的六种支持能力

DCAP框架主要提供的支持能力如下。

（1）敏感数据发现和分类：跨越关系型数据库（Relational Database Management System，简称RDBMS）、数据仓库、非结构化数据文件、半结构化数据文件和半结构化大数据平台（如Hadoop）等实现敏感数据的发现和分类，需要能够涵盖基础设施服务（Infrastructure as a Service，简称 IaaS）、软件即服务 SaaS（Software as a service，简称 SaaS）和数据库即服务（DataBase-as-a-Service，简称 DBaaS）中的本地存储和基于云的存储。

（2）实时监控数据访问行为：针对用户的数据访问进行权限设置、监控和控制，特别是包括管理员和开发人员等高权限用户的权限；使用基于角色的访问控制（Role-Based Access Control，简称 RBAC）和基于属性的访问控制（Attribute-Based Access Control，简称 ABAC），实现对特定敏感数据的访问控制和监控。

（3）特定敏感数据访问管控：使用行为分析技术实时监控用户对敏感数据的访问行为，针对不同场景的模型，生成可定制的安全警报，阻断高风险的用户行为和访问模式等。

（4）数据访问权限设置、监控和控制：对用户和管理员访问特定敏感数据进行管控，可以通过加密、去标识化、脱敏、屏蔽或阻塞来实现。

（5）数据访问和风险事件审计报告：生成用户数据访问和风险事件审计报告，提供针对不同场景的可定制化的详细信息，从而满足不同的法律法规或标准审计要求。

（6）单一监测和管理控制台：支持跨多个异构数据格式的统一数据安全监测和策略管控。

2.4 数据审计和保护成熟度模型（DAPMM）

结合上文提到的 DCAP 框架和 IBM 公司的需要，IBM 公司提出了数据审计和保护成熟度模型（Database Audit and Protection Maturity Model，简称 DAPMM）。

数据安全保护不仅仅是纯粹的产品和技术问题，更是一个过程，是一种结构化且可重复的方法，用于识别、保护和降低数据安全风险。这种方法需要协调人员、流程和技术，以便安全地为业务服务并防御风险。虽然人们认为技术在该方法中起着至关重要的作用，但解决方案的设计和产品技术的实施往往是孤立的，忽视了协作和交付时人员和过程的影响。简而言之，成功的数据安全规划需要在生命周期的每个阶段整合跨职能的人员、流程和技术（图2-7）。

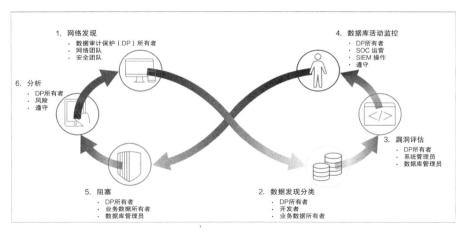

图 2-7 数据安全生命周期及相关团队整合

DAPMM 遵循以下能力成熟度模型的结构（图2-8）。该模型为组织提供了实施落地的基础，以确定改进数据安全能力的差距，实施新的解决方案，或对现有解决方案提出改进。

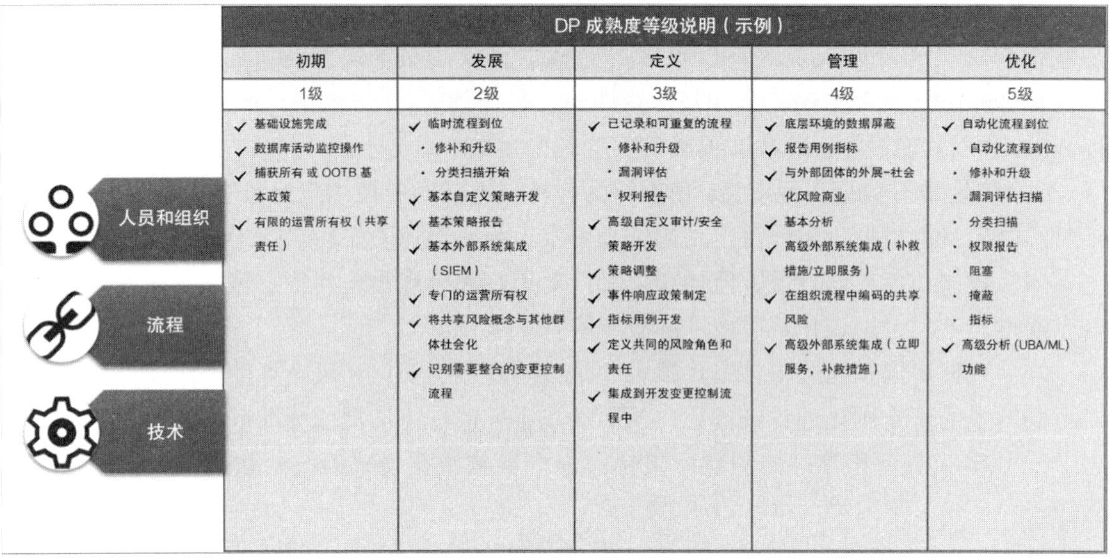

图 2-8　能力成熟度模型的结构

DAPMM 的落地实施需要组织内各个数据所有者的支持和配合。DAPMM 落地实施的五项建议如图2-9所示。

图 2-9　DAPMM 落地实施的五项建议

（1）获得高管支持。数据保护是一项跨组织的工作。数据所有者、开发者和数据库管理员等的通力合作是成功的必要条件。通过一个明确的执行发起人，最好是高级别的发起人，比如首席安全官、首席信息官、首席财务官或首席运营官，方便获得数据安全相关工作的资金支持。

（2）梳理数据所有者（数据治理的一部分）。明确各种数据的所有者，这对于开展数据的分级、分类和保护数据工作至关重要。

（3）制定风险所有者分担策略。让数据所有者分担风险责任将有助于实现这些组织的合作和资源。高管支持和数据治理通常都是成功的必要条件。

（4）保证数据安全相关人员稳定性。在不缺失重要历史资料的前提下解决员工流动问题，对于数据保护策略的成功至关重要。

（5）评估并实施数据安全平台。通过平台全生命周期解决数据保护问题，实现既遵从传统法律法规，又满足下一代数据安全实际需求的目的。

2.5 隐私、保密和合规性数据治理（DGPC）框架

DGPC（Data Governance for Privacy Confidentiality and Compliance）框架是微软的隐私、保密和合规性数据治理框架。该框架以数据生命周期为第一维度，以安全架构、身份认证访问控制系统、信息保护和审计等安全要求为第二维度，组成了一个二维的数据安全防护矩阵，帮助安全人员体系化地梳理数据安全防护需求。

（1）传统的 IT 安全方法侧重于 IT 基础设施，DGPC 框架注重通过边界安全与终端安全进行保护，重点关注对存储数据的保护。

（2）DGPC 框架注重隐私相关的保护措施，包括对重点数据的获取和保护，对客户收集、处理信息等行为的管控。

（3）数据安全和数据隐私合规责任需要通过一套统一的控制目标和控制行为来控制和管理，以满足合规性要求。

DGPC 框架可与现有的 IT 管理和控制框架（如 COBIT）、ISO／IEC 27001/27002 信息安全管理体系规范、支付卡行业数据安全标准（PCI DSS）等安全规范和标准协同工作。DGPC 框架围绕人员、流程和技术三个核心能力领域构建。

在人员领域，DGPC 框架把数据安全相关组织分为战略层、战术层和操作层三个层次，每一层次都要明确组织中的数据安全相关的角色职责、资源配置和操作指南。

在流程领域，DGPC 框架认为，组织应首先检查数据安全相关的各种法规、标准、策略和程序，明确必须满足的要求，并使其制度化与流程化，以指导数据安全实践。

在技术领域，微软开发了一种工具（数据安全差距分析表）来分析与评估数据安全流程控制和技术控制存在的特定风险，这种方法具体落到风险/差距分析矩阵模型中（图2-10）。该模型围绕数据安全生命周期、四个技术领域、数据隐私和保密原则构建。

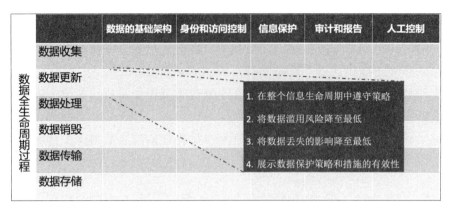

图 2-10　风险/差距分析矩阵模型

1. 数据安全生命周期

为了识别安全风险并选择合适的技术措施和行为来保护机密数据，组织必须首先了解信息如何在整个系统中流动，以及信息如何在不同阶段被多个应用程序访问和处理。

2. 四个技术领域

组织还需要系统评估保护其数据机密性、完整性和可用性的技术是否足以将风险降低到可接受的水平。以下技术领域为此任务提供了一个参考框架。

（1）数据的基础架构。

保护机密信息需要技术基础架构，可以保护计算机、存储设备、操作系统、应用程序和网络免受黑客入侵和内部人员窃取。

（2）身份和访问控制。

身份和访问控制技术有助于进行身份认证和访问控制，保护个人信息免受未经授权的访问，同时保证合法用户的可用性。这些技术包括认证机制、数据和资源访问控制、供应系统和用户账户管理。从合规角度来看，IAM 功能使组织能够准确地跟踪和管理整个企业所有用户的权限。

（3）信息保护。

机密数据需要持续保护，因为它们可能在组织内部或外部被共享。组织必须确保其数据库、文档管理系统、文件服务器等处存放的数据在整个生命周期内被正确地分类和保护。

（4）审计和报告。

审计和报告验证系统和数据访问控制是否有效，这些对于识别可疑的或不合规的行为十分有用。

此外还有人工控制作为辅助。

3. 数据隐私和保密原则

以下 4 条原则旨在帮助组织选择能够保护其机密数据的技术和行为，以指导风险管理和决策的过程。

原则1：在整个信息生命周期中遵守策略。这包括承诺按照适用的法规和条例处理所有数据，保护隐私数据、尊重客户的选择并得到客户同意，允许个人在必要时审查和更正其信息。

原则2：将数据滥用风险降至最低。信息管理系统应提供合理的管理、技术和物理保障，以确保数据的机密性、完整性和可用性。

原则3：将数据丢失的影响降至最低。信息保护系统应提供合理的保护措施，如加密数据以确保数据遗失或被盗后的机密性。制订适当的数据泄露应对计划，并规划升级路径，对所有可能参与违规处理的员工进行培训。

原则4：展示数据保护策略和措施的有效性。为确保问责制度的实施，组织应遵守隐私保护和保密原则，并通过适当的监督、审计和控制措施来加以验证。此外，组织应该有一个报告违规行为的报告制度和明确定义的流程。

2.6 数据安全能力成熟度模型（DSMM）

数据安全能力成熟度模型（Data Security Maturity Model，简称DSMM）基于数据在组织的业务场景中的数据生命周期，从组织建设、制度与流程、技术与工具、人员能力四个方面构建了数据安全过程的规范性数据安全能力成熟度模型及评估方法。DSMM架构如图2-11所示。

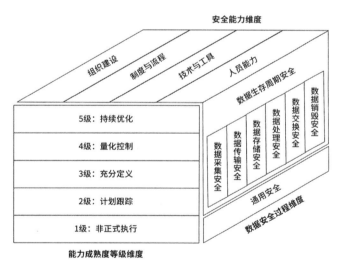

图2-11　DSMM架构图

DSMM架构包括以下维度。

（1）数据安全过程维度。该维度是围绕数据生命周期，以数据为中心，针对数据生命周期各阶段建立的相关数据安全过程体系，包括数据采集安全、数据传输安全、数据存储安全、数据处理安全、数据交换安全、数据销毁安全等过程。

（2）安全能力维度：明确组织在各数据安全领域所需要具备的能力，包括组织建设、制度与流程、技术与工具、人员能力四个维度。

（3）能力成熟度等级维度：基于统一的分级标准，细化组织在各数据安全过程域的五个级别的数据安全能力成熟度分级要求。五个级别分别是非正式执行、计划跟踪、充分定义、量化控制、持续优化。

1. DSMM 评估方法及流程

DSMM 评估的是整个组织的数据安全能力成熟度，它不局限于某一系统。依据组织的业务复杂度、数据规模，按照业务部门进行拆分；从组织建设、制度与流程、技术与工具、人员能力展开。通过对各项安全过程所需具备的安全能力的评估，可评估组织在每项安全过程的实现能力属于哪个等级（图2-12）。

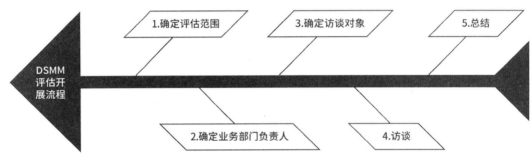

图 2-12 DSMM 评估流程

在实际应用中，应根据不同业务部门进行分组评估。首先，确定业务部门负责人，辅助评估过程的资源协调工作。然后，与业务部门负责人一同梳理基本的业务流程，结合 PA（过程域），根据线上生产数据和线下离线数据两条线，确定各过程域（Process Area，简称 PA）访谈部门和访谈对象，并根据评估工作的展开动态调整。

数据安全能力成熟度等级评估流程如图2-13所示。

图 2-13 数据安全能力成熟度等级评估流程

2. DSMM 的使用方法

由于各组织在业务规模、业务对数据的依赖性，以及组织对数据安全工作定位等方面的差异,组织对该模型的使用应"因地制宜"(图2-14)。

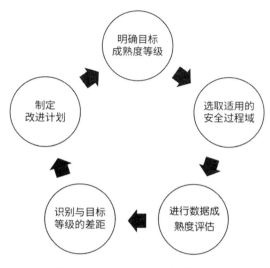

图 2-14 DSMM 在组织的应用

在使用该模型时,首先,组织应明确其目标的数据安全能力成熟度等级。根据对组织整体的数据安全成熟度等级的定义,组织可以选择适合自己业务实际情况的数据安全能力成熟度等级目标。本标准定义的数据安全成熟度等级中,3级目标适用于所有具备数据安全保障需求的组织作为自己的短期目标或长期目标,达到3级标准者意味着组织能够针对数据安全的各方面风险进行有效的控制。然而,对于业务中尚未大量依赖于大数据技术的组织而言,数据仍然倾向于在固有的业务环节中流动,对数据安全保障的需求整体弱于强依赖于大数据技术的组织,因此其短期目标可先定位为2级,待达到2级的目标之后再进一步提升到3级。

然后,在确定目标数据安全能力成熟度等级的前提下,组织根据数据生存周期所覆盖的业务场景挑选适用于组织的数据安全过程域。例如,组织 A 不存在数据交换的情况,因此数据交换的过程域就可以从评估范围中剔除掉。

最后,组织基于对 DSMM 内容的理解,识别数据安全能力现状并分析与目标能力等级之间的差异,在此基础上执行数据安全能力的改进与提升计划。而伴随着组织业务的发展变化,还需要定期复核、明确自己的目标数据安全能力成熟度等级,然后进行新一轮评估与工作。

2.7 CAPE 数据安全实践框架

本章介绍的几个数据安全理论框架对数据安全建设具有较强的理论指导意义,它们互相之间并无冲突。它们从不同视角看待同一问题,互为补充。在具体实践中,本书作者吸收了各个理论框架的思想,通过丰富的数据安全领域项目实战经验,总结了一套针对敏感数据保护的 CAPE 数据安全实践框架(图2-15),CAPE 的含义是:Check,风险核查;Assort,

数据梳理；Protect，数据保护；Examine，监控预警。接下来本书会详细介绍CAPE分别代表什么，并对相应章节标题在后边用（C）、（A）、（P）、（E）加以标注，方便读者阅读。

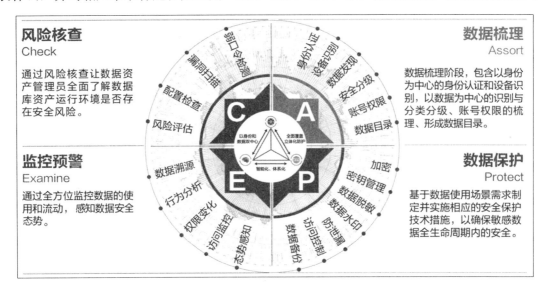

图 2-15　CAPE 数据安全实践框架

CAPE数据安全实践框架坚持以下三个原则。

1．以身份和数据构成的双中心原则

保护数据安全的目标之一是，防止未经授权的用户进行数据非法访问和操作，因此需同时从访问者"身份"和访问对象"数据"两个方面入手，双管齐下。

非受信的企业内部和外部的任何人、系统或设备均需基于身份认证和授权，执行以身份为中心的动态访问控制。

有针对性地保护高价值数据及业务，实施数据发现和数据分类分级，执行以数据为中心的安全管理和数据保护控制。

2．全面覆盖立体化防护原则

在横向上，全面覆盖数据资源的收集、传输存储、加工、使用、提供、交易、公开、销毁等活动的整个生命周期，采用多种安全工具支撑安全策略的实施。

在纵向上，通过风险评估、数据梳理、访问监控、大数据分析，进行数据资产价值评估、数据资产弱点评估、数据资产威胁评估，最终形成数据安全态势感知。

通过组织、制度、场景、技术、人员等自上而下地落实和构建立体化的数据安全防护体系。

3．智能化、体系化原则

在信息技术和业务环境越来越复杂的当下，仅靠人工方式来运维和管理安全已经捉襟见肘；人工智能、大数据技术，如UEBA异常行为分析、NLP加持的识别算法、场景化脱敏算法等，已有成熟的实现方案。

仅靠单独的技术措施只能解决单方面的问题，因此必须形成体系化的思维，通过能力模块间的联动打通，形成体系化的整体数据安全防护能力，并持续优化和改进，从而提升整体安全运营和管理的质量和效率。

CAPE 数据安全实践框架实现了敏感数据安全防护的全生命周期过程域全覆盖，建立了以风险核查为起点，以数据梳理为基础，以数据保护为核心，以监控预警作为支撑，最终实现"数据安全运营"的全过程、自适应安全体系，直至达到"整体智治"的安全目标。

2.7.1 风险核查（C）

通过风险核查让数据资产管理人员全面了解数据资产运行环境是否存在安全风险。通过安全现状评估能及时发现当前数据库系统的安全问题，对数据库的安全状况进行持续化监控，保持数据库的安全健康状态。数据库漏洞、弱口令（指容易破译的密码）、错误的部署或配置不当都容易让数据陷入危难之中。

数据库漏洞扫描帮助用户快速完成对数据库的漏洞扫描和分析工作，覆盖权限绕过漏洞、SQL 注入漏洞、访问控制漏洞等，并提供详细的漏洞描述和修复建议。

弱口令检测基于各种主流数据库密码生成规则实现对密码匹配扫描，提供基于字典库、基于规则、基于枚举等多种模式下的弱口令检测。

配置检查帮助用户规避由于数据库或系统的配置不当造成的安全缺陷或风险，检测是否存在账号权限、身份认证、密码策略、访问控制、安全审计和入侵防范等安全配置风险。基于最佳安全实践的加固标准，提供重要安全加固项及修复的建议，降低配置弱点被攻击和配置变更风险。

2.7.2 数据梳理（A）

数据梳理阶段包含以身份为中心的身份认证和设备识别、以数据为中心的识别与分类分级并对资产进行梳理，形成数据目录。

以身份为中心的身份认证和设备识别是指，网络位置不再决定访问权限，在访问被允许之前，所有访问主体都需要经过身份认证和授权。身份认证不再仅仅针对用户，还将对终端设备、应用软件等多种身份进行多维度、关联性的识别和认证，并且在访问过程中可以根据需要多次发起身份认证。授权决策不再仅仅基于网络位置、用户角色或属性等传统静态访问控制模型，而是通过持续的安全监测和信任评估，进行动态、细粒度的授权。安全监测和信任评估结论是基于尽可能多的数据源计算出来的。以数据为中心的识别与分类分级是指，进行数据安全治理前，需要先明确治理的对象，企业拥有庞大的数据资产，本着高效原则，应当优先对敏感数据分布进行梳理。"数据分类分级"是整体数据安全建设的核心且最关键的一步。通过对全部数据资产进行梳理，明确数据类型、属性、分布、账号权限、使用频率等，形成数据目录，以此为依据对不同级别数据实施不同的安全防护手段。这个阶段也会为客户数据安全提供保护，如为数据加密、数据脱敏、防泄露和数据访问控制等进行赋能和策略支撑。

2.7.3 数据保护（P）

基于数据使用场景的需求制定并实施相应的安全保护技术措施，以确保敏感数据全生命周期内的安全。这一步的实施更加需要以数据梳理作为基础，以风险核查的结果作为支撑，提供在数据收集、存储、传输、加工、使用、提供、交易、公开等不同场景下，既满足业务需求又保障数据安全的保护策略，降低数据安全风险。

数据是流动的，数据结构和形态会在整个生命周期中不断变化，需要采用多种安全工具支撑安全策略的实施，涉及数据加密、秘钥管理、数据脱敏、水印溯源、数据防泄露、访问控制、数据备份、数据销毁等安全技术手段。

2.7.4 监控预警（E）

制定并实施适当的技术措施，以识别数据安全事件的发生。此过程包括数据溯源、行为分析、权限变化和访问监控等，能够通过全方位监控数据的使用和流动感知数据安全态势。

数据溯源。能够对具体的数据值如某人的身份证号进行溯源，刻画该数据在整个链路中的流动情况，如被谁访问、流经了哪些节点，以及其他详细的操作信息，方便事后追溯和排查数据泄露问题。

行为分析。能够对核心数据的访问流量进行数据报文字段级的解析操作，完全还原出操作的细节，并给出详尽的操作结果。实体行为分析可以根据用户历史访问活动的信息刻画出一个数据的访问"基线"，而之后则可以利用这个基线对后续的访问活动做进一步的判别，以检测出异常行为。

权限变化。能够对数据库中不同用户、不同对象的权限进行梳理并监控权限变化。权限梳理可以从用户和对象两个维度展开。一旦用户维度或者对象维度的权限发生了变更，能够及时向用户反馈。

访问监控。实时监控数据库的活动信息。当用户与数据库进行交互时，系统应自动根据预先设置的风险控制策略，进行特征检测及审计规则检测，监控预警任何尝试攻击的行为或违反审计规则的行为。

2.8 小 结

目前还没有统一、成熟和广泛应用的数据安全框架或模型，因此多个组织根据实践经验提出了不同的数据安全框架或模型。这些框架或模型没有好坏之分，只是出发点和侧重点不同。DSG框架侧重从数据安全规划建设初期、从业务视角找到最佳的切入点，同时给出了持续度量和优化数据安全建设的框架，从而帮助一个数据安全项目成功实施。DSC框架的特点是，从技术的角度来剖析怎么实现数据安全管控，提出了梳理定义数据、分解分析数据、防御保护数据的三步骤框架。DCAP 框架的特点是，它定义了一个完整的数据安全产品技术能力集所应该包含的六种能力，并且需要支持非结构化、半结构化和结构化数据、RDBMS、数据仓库、非结构化数据文件、半结构化大数据平台（如 Hadoop）等。DAPMM 强调数据安全方案不能是纯粹的产品和技术，而是一种结构化且可重复的方法，用于识别、保护数据，降低数据安全风险。这种方法需要协调人员、流程和技术。同时，DAPMM 定义了相对应的数据安全能力成熟度模型，该模型为组织提供了实施落地的基础。DGPC 框架与 DAPMM 有相似之处，主要围绕"人员、流程、技术"三个核心能力领域的具体控制要求展开，与现有安全框架体系或标准协调合作以实现治理目标。DGPC 框架的特点是，以识别和管理与特定数据流相关的安全和隐私风险需要保护的信息，包括个人信息、知识产权、商业秘密和市场数据等。DSMM 则基于数据在组织业务场景中的生命周期，从组织建设、制度与流程、技术与工具、人员能力四个方面构建了数据安全过程的规范性、数据安全能力成熟度分级模型及评估方法。

第 3 章 数据安全常见风险

网络安全、数据安全的整体有效性遵循"木桶原理",即"一只木桶盛水的最多盛水量,取决于桶壁上最短的那块。"数据安全的建设是需要投入资金、时间和人员的,投资者希望通过数据安全的建设不仅仅满足合法合规的要求,而且能够真正解决风险问题。有些建设方案容易陷入功能、能力或者参数的陷阱——技术人员可能认为既然有预算,就多实现一些功能,但是往往没有从实际场景和实际需求出发,使得有些功能变成了"花瓶"式的摆设。本章从常见数据安全风险场景出发,做个简单的梳理,分析我们需要解决哪些问题。

在实际安全系统项目立项的过程中,一个企业可以把自己的需求和这些列出的风险场景做个对照,看看通过本期的项目资金投入建设,能够实实在在地解决哪些风险问题。换句话说,一个组织把现在的安全现状和这些风险场景做个对照,如果每周都能做出翔实的报告,感知这些风险问题是否存在,做到心中有数,那么这样的数据安全技术和运维建设就是较为成熟的。

3.1 数据库部署情况底数不清(C)

在企业的发展过程中,信息系统是逐步建设起来的,数据库也会随之部署。在信息系统建设过程中,会根据企业业务情况、资金成本、数据库特性等条件来选择最合适的数据库,建立适当的数据存储模式,满足用户的各种需求。但一些数据库系统,特别是运行时间较长的系统,会出现数据库部署情况底数不清的状况,其主要由以下原因导致(图3-1)。

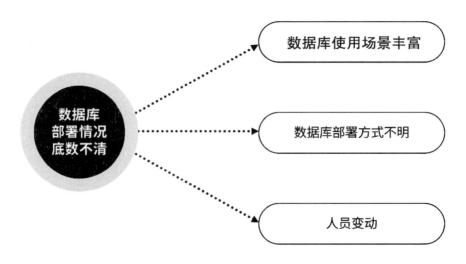

图 3-1 数据库部署情况底数不清的原因

1. 数据库使用场景丰富

数字化时代，数据库使用场景非常丰富，例如用于生产、用于测试开发、用于培训、用于机器学习等各类场景。而大多数资产管理者往往只重视生产环境而忽略其他环境，又或者只重视硬件资产而对软件和数据等关注不足，从而导致在资产清单中未能完整记载资产信息，数据库资产信息有偏差。

2. 数据库部署方式不明

由于安全可靠性的要求，数据库的部署方式也可能不同，典型的情况包括单机单实例、单机多实例、MPP、RAC、主数据库/备份数据库、读写分离控制架构等，部署的方式千差万别。最简单的主数据库/备份数据库部署方式由两个相同的数据库组成，但其对应用或客户端的访问出口是同一个 IP 地址和端口。当主数据库发生问题时，由备份数据库接管，对前端访问无感知。在这种情形下，如果只登记了前端一个 IP 地址的资产信息，就会造成遗漏，导致数据资产清单登记不完整。

3. 人员变动

数据库一般由系统管理员进行建设和运维管理。随着时间变化，系统管理员可能会出现离职、转岗等情况，交接过程可能会出现有意或无意的清单不完整的情况，导致数据资产信息的不完整。

以上因素将导致数据资产部署情况底数不清，使部分被遗漏的数据资产得不到有效监管和防护，从而引发数据泄露或丢失的风险。

3.2 数据库基础配置不当（C）

在数据库安装和使用过程中，不适当的或不正确的配置可能会导致数据发生泄露。数据库基础配置不当通常会涉及以下几个因素（图3-2）。

图 3-2 数据库配置不当的因素

1. 账号

通常数据库会内置默认账号，其中会有部分账号是过期账号或处于被禁用状态的账号，而其他账号则处于启用状态。这些默认账号通常会被授予一定的访问权限，并使用默认的登录密码。如果此类账号的权限较大而且默认登录密码未被修改，则很容易被攻击者登录并窃取敏感数据，造成数据泄露。

2. 授权

有些手动创建的运维或业务访问账号，基于便利性而被授予一些超出其权力范围的权限，即授权超出了应授予的"最小访问权限"，从而使这些账号可以访问本不应被访问的敏感数据，导致数据泄露。

3. 密码

对于采用静态密码认证的数据库，系统账号如采用默认密码或易猜测的简单密码，如个人生日、电话号码、111111、123456等，攻击者只需通过简单的尝试就可以偷偷登录数据库，获取数据库访问权限，导致数据泄露。

4. 日志

数据库通常包含日志审计功能，而且能直接审计到数据库本地操作行为。但开启该功能后一般会占用较大的计算和存储资源，因此很多数据库管理人员关闭该功能，从而导致数据库操作无法被审计记录，后续发生数据泄露或恶意操作行为时无法溯源。

5. 安全补丁

在数据库运行期间，安全人员可能发现诸多数据库安全漏洞。安全人员把数据库漏洞报告提交给数据库厂商后，数据库厂商会针对漏洞发布补丁程序。当该版本的数据库软件相关补丁不能及时更新时，攻击者就能利用该漏洞攻击数据库，从而导致数据泄露。

6. 可信访问源

当数据库所在的网络操作系统未设置安全的防火墙访问策略，且数据库自身也未限制访问来源时，在一个比较开放的环境中，数据库可能会面临越权访问。例如，攻击者通过泄露的用户名和密码、通过一个不受信任的IP地址也能访问数据库，轻易地获取数据库内部存储的敏感数据密码，从而造成数据泄露。

3.3 敏感重要数据分布情况底数不清（A）

在互联网企业中，通过数据驱动决策优化市场运营活动、改进自身产品，已是寻常操作；而在传统企业中，"数据驱动"的概念也在近年逐渐普及，大部分组织都在进行数字化转型，创建了数据安全管理部门。既然数据在企业决策中如此重要，它们的数量、分布、来源、存储、处理等一系列情况又是如何呢？

一个企业的数据库系统，少则有几千张、多则有几万张甚至更多数据表格（图3-3）。将各个数据库系统进行统计，所拥有的数据信息可能达到几亿条，甚至几十亿条、上百亿条。一些第三方研究组织的调研结果显示：目前许多企业的首席信息安全官无法对自家企业的敏感重要数据分布情况做出翔实而客观的描述。

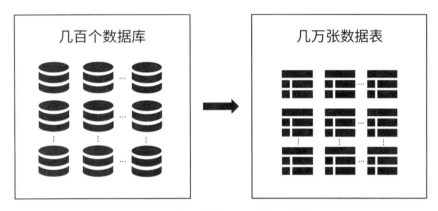

图 3-3　企业的数据库系统示意图

敏感重要数据分布情况底数不清，意味着对数据处理活动的风险无法准确评估，也就难以有针对性地进行数据的分类分级保护。

在各行各业数据处理实践当中，造成上述问题最常见的原因是，低估了敏感重要数据分布的广泛性。这里的广泛性有以下两种含义。

一是部分业务类型的数据敏感性没有被客观认知。例如，个人身份信息、生物特征信息、财产信息、地址信息等容易得到重视，被标记为敏感数据；而在某些特定背景下，同样应该被标记为敏感重要数据的，如人员的身高、体重、生日、某些行为的时间信息、物品要素信息等数据，却往往被忽略。二是"敏感重要数据"的界定是动态的，不同的数据获取方式将会影响同类数据的敏感级别判定结果。

业务数据分散在各个数据库系统中。一个企业的应用软件可能涉及多个提供商，很多企业实际使用着多达上百个数据库，而在本就庞杂的数据存储环境中又有不断新增的业务数据。如果不进行详细的摸查并完整记录敏感数据的分布情况，可能导致敏感数据暴露。

综上所述，为了避免敏感数据暴露或失窃的情况发生，首先要对所有的敏感重要数据的分布情况摸查清楚、完整记录并进行持续关注和保护。

3.4　敏感数据和重要数据过度授权（A）

敏感数据和重要数据过度授权的现象屡见不鲜。在展开讨论之前，我们需要先明确这里的"权限"如何界定。以 Oracle 为例，权限可以分为"系统权限"与"实体权限"。

"系统权限"可以理解为允许用户做什么。如授予"CONNECT"权限后,用户可以登录 Oracle,但不可以创建实体,也不可以创建数据库结构;而授予"RESOURCE"权限后,则允许用户创建实体,但仍不可以创建数据库结构;在授予数据库管理员的权限后,则可以创建数据库结构,同时获得最高的系统权限。

"实体权限"则可理解为针对表或视图等数据库对象的操作权限,如 select、update、insert、alter、index、delete 等,它约束的是用户仅对相应数据库对象的具体操作权限。

在实际的情况中,我们遇到的过度授权问题主要对应以下两类。

(1)给只需要访问业务数据表的角色授予了创建数据库结构的权限、系统表访问权限、系统包执行权限等。

(2)将业务上只需给 A 子部门的数据表,设为了 A、B 子部门均可见(这不仅是因为数据库权限这一层的控制出现了过度授权问题,也有可能是多个用户共用同一个账号造成的)。

第一类问题主要会增加操作风险,而第二类问题则有可能造成额外的内控风险。

所以应该严格确认并授予用户最小够用权限,避免由于授予过多权限导致的数据被越权访问,发生数据泄露的情况。

3.5 高权限账号管控较弱(A)

原则上,数据账号权限的管理应当遵循权限最小化原则,但在实际应用中,特别是对于一些老系统可能实际情况并非如此。主要原因有二,一是过去对于数据库系统并不强调三权分立(管理员、审核员、业务员),数据库授权通常都是数据库开发人员自行赋权,没有严格的管理规范与第三方人员审核;二是对于 Oracle、Db2、SQL Server 等大型商用数据库,历史上由于资源配置问题,通常都是将数据库部署在配置最高、性能最好的服务器或小型机上(即传统的"IOE 架构"),因此很多核心的业务逻辑是通过数据库自身的 package、user defined type、procedure、trigger、udf、job、schedule 等实现的。由于涉及大量的对象引用与赋权,为了节省时间,以 Oracle 数据库为例,数据库工程师或开发人员往往选择将一个高权限的角色,如 DBA、exp_full_database、execut any procedure 等,直接赋予数据库用户。

管理员可能将一些高权限的角色或权限直接赋予了一些通用角色,如 public 角色。这样,任意用户通过"间接赋权"的方式就可获得较高的权限,且由于是间接赋权,再加上 public 角色通过基础数据字典如 dba_roles 或 dba_role_privs 是无法查到的,因此很难被察觉。笔者之前就曾遇到过某互联网金融公司运维人员无意中将 DBA 角色赋权给 public 角色,结果导致任意用户都具有 DBA 角色。

在分布式事务的数据库中创建 dblink 的对端账号,可能具有较高的权限或角色如 resource、select any table 等。这就导致当前用户虽然在本地仅是一个常规权限用户,但对对端数据库实例具有非常高的权限且不易感知。

“沉睡”账号可能导致管控问题。沉睡账号的产生通常有以下几种原因。

（1）数据库运维外包给第三方，由第三方的工程师自己创建的运维账号，主要用于定期巡检、排错、应急响应。此类账号日常鲜有登录，且账号权限不低，当工程师离职时如果交接没有做好，账号可能就一直沉睡在数据库系统中了。

（2）业务系统已经迁移或下线，但未对数据库账号相应处理。此类账号通常只有自身对象的相应权限，但如泄露，攻击者利用一些已知漏洞（如 Oracle 11g 著名的 with as 派生表漏洞）也可对系统造成极大的破坏。

通常数据库的权限管理都是基于 RBAC 模型的（MySQL 8.0之后的版本也有类似角色的功能）。角色是多种权限的集合，也可以是多种角色的集合，角色间相互可以嵌套。想要厘清这些关系确实非常困难，这也为历史用户的权限梳理造成了极大的干扰。

针对以上问题，以 Oracle 数据库为例，可以查询各个数据库用户所拥有的权限与角色，并返回结果（图3-4）。

	PRIVILEGE	OBJ_OWNER	OBJ_NAME	USERNAME	GRANT_SOURCES	ADMIN_OR_GRANT_OPT	HIERARCHY_OPT
13	CREATE USER			AISORT	DBA,IMP_FULL_DATABASE	YES	
14	CREATE VIEW			AISORT	DBA	YES	
15	ALTER SYSTEM			AISORT	DBA	YES	
16	AUDIT SYSTEM			AISORT	DATAPUMP_IMP_FULL_DATABASE,DBA,IMP_FULL_DATABASE	YES	
17	CREATE TABLE			AISORT	DATAPUMP_EXP_FULL_DATABASE,DBA,EXP_FULL_DATABASE	YES	
18	DROP PROFILE			AISORT	DBA,IMP_FULL_DATABASE	YES	
19	ALTER PROFILE			AISORT	DATAPUMP_IMP_FULL_DATABASE,DBA,IMP_FULL_DATABASE	YES	
20	ALTER SESSION			AISORT	DBA	YES	
21	DROP ANY CUBE			AISORT	DBA,OLAP_DBA	YES	
22	DROP ANY ROLE			AISORT	DBA,IMP_FULL_DATABASE	YES	
23	DROP ANY RULE			AISORT	DBA	YES	
24	DROP ANY TYPE			AISORT	DBA,IMP_FULL_DATABASE	YES	
25	DROP ANY VIEW			AISORT	DBA,IMP_FULL_DATABASE,OLAP_DBA	YES	
26	QUERY REWRITE			AISORT	DBA	YES	
27	ALTER ANY CUBE			AISORT	DBA	YES	
28	ALTER ANY ROLE			AISORT	DBA	YES	
29	ALTER ANY RULE			AISORT	DBA	YES	

图 3-4　数据库用户权限与角色

数据库可展示所查询用户拥有的系统或对象权限、权限属于哪个组、是否可将此权限赋予其他用户等信息。

3.6　数据存储硬件失窃（P）

在实际的工作场景中，对于进出机房及带出硬件一般都会进行严格的检查和审批，因此这类数据硬件失窃的风险相对较低，属于小概率事件。常见的硬件失窃主要有以下途径。

（1）到维护期需要更换新的硬件，在旧的设备被替换后，直接申请报废，无人维护和管理，造成数据丢失。

（2）磁盘阵列或服务器 RAID 组中某一块硬盘或磁带库（光盘）中的某一卷故障，被替换后无人管理造成丢失。

（3）磁盘或其他设备故障后，未经妥善的数据处理就送去维修，导致数据失窃。

以上问题的本质都是对被淘汰设备的管理不到位。为避免此类问题，应当建立完善的数据存储设备更换、保存、销毁流程和制度，避免因管理疏漏造成的数据丢失或其他财产损失。即便有些硬件盗窃事件的嫌疑人只对偷窃的硬件感兴趣或无法破译硬件上的安全措施,我们也不能因此就掉以轻心。

随着虚拟化、云计算技术的普及,越来越多的企业选择将自身业务放在公有云或者混合云上,如何保护云上数据文件的安全便成为一个令各个企业困扰的难题。在各类数据库体系结构中,可直接用于数据获取的数据文件主要有两类,一类是数据存储文件如 Oracle 的 datafile、MySQL 的 ibd 文件等;另一类为事务日志文件,如 Oracle 的 redo 日志、archive log、MySQL 的 binlog 等。事务日志文件中存放的是数据块中数据的物理或逻辑变更,依赖一些工具如 Oracle logminer、MySQL binlog2sql 等可以直接转化为相应的 SQL 操作,进而获取一个时间段内的数据。

对攻击者从数据库或应用程序接口(Application Programming Interface,简称 API)获取数据的行为,可以通过数据审计、Web 审计、日志等方式进行监控;而针对攻击者通过各种文件传输协议如 FTP、SAMBA、NFS、SFTP 甚至 HTTP 等进行数据文件窃取的行为,需要对数据文件传输进行监控。

3.7 分析型和测试型数据风险(P)

分析型数据、测试型数据是指从生产环境导出线上数据,并导入独立数据,用作数据分析、开发测试的场景。为何要单独对这两类场景进行分析并关注其安全风险呢?因为这两类场景在越来越多的组织中都有着强烈的需求,同时在这两类场景中数据存在较大的安全隐患,容易造成泄密风险(图3-5)。下面将详细阐述这两类场景的过程及泄密风险点。

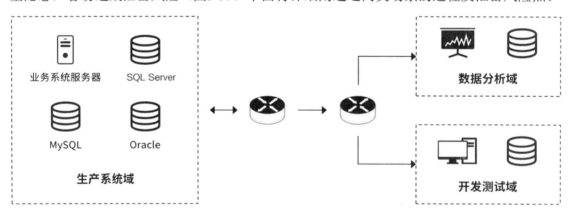

图 3-5 数据测试开发使用场景

随着大数据应用的成熟,数据分析的商用价值被日益重视。无论数据拥有者自身或是第三方,都希望通过对线上数据进行分析,从中提炼有效的信息,为商业决策提供可靠支撑;或将数据导入人工智能系统中,锻炼智能学习算法模型,期望将经过锻炼的智能系统部署上线,自动化地完成部分决策功能。无论是人工分析或是机器学习分析,均需要将数据从原始数据环境导出到独立的数据库进行作业,而用于数据分析的数据库环境可能是在实验室,也可能在开发者的个人计算机上,甚至是在第三方的系统中。数据分发的过程已将数据保护的责任一并交到了对方手上,组织的核心敏感数据是否得以保全完全取决于对方的安全意识及安全防护能力。如果分析环境没有任何保护措施,那么敏感数据等同于直接暴露、公开。对组织而言,数据不仅脱离了管控,同时可能因数据泄露而造成巨大损失。

同数据分析场景一样,数据开发测试场景也需要将数据从生产环境导出到独立的数据库上进行后续操作。开发测试人员为确保测试结果更符合真实环境,往往希望使用与真实数据相似的数据,或者直接使用真实数据的备份进行测试和验证。开发测试环境往往不像生产环境那样有严密的安全防护手段,同时因权限控制力度降低,数据获取成本降低,与外界存在更多接触面,这让不法分子能够更轻易地从开发测试库获取敏感数据。另外还有可能因获取门槛较低,让个别内部人员有机会窃取敏感数据。

考虑到数据导出后其安全性已不再受控,故需要针对导出的数据进行处理,尽量减小泄密风险,同时预留事后追溯途径。

例如,某大型酒店曾经真实发生的一起数据泄密事件。因该酒店同时与多个第三方咨询公司合作,需要客户入住信息用作统计分析,酒店工作人员在未做任何处理的情况下将数据导出交给了多个咨询公司。后被发现有超过50万条客户隐私信息遭泄露,但因无据可查,最终也无法确定究竟是从哪家咨询公司泄密。若酒店在把数据交给第三方时经过了脱敏,则可避免泄密事件的发生;或添加好水印再将数据交出,则至少能在事后进行追查,定位泄密者。

综上所述,对于数据安全而言,不仅要关注实际生产环境下的数据安全,也要做好开发测试库及数据分析库的安全保障。在日益严峻的数据安全大背景下,只有完善的防护体系和可靠的防护策略,才能更有效地提高数据安全防护能力,保障组织的数据安全,防止因开发测试或数据分析等环节出现数据泄露而导致损失。

3.8 敏感数据泄露风险(P)

2021年5月13日,美国Verizon公司发布了《2021年数据泄露调查报告》。该报告指出,2021年数据泄露的主要原因是Web应用程序攻击、网络钓鱼和勒索软件,其中85%涉及人为因素。该报告分析了79635起安全事件,其中29207起满足分析标准,5258起确认是数据泄露事件,这些事件来自全球88个国家。

1. 常见数据泄露风险

近几年数据泄露事件越发普遍,数据泄露的成本也越来越高,隐私安全和数据保护成为当下严峻的问题。为了更好地规避风险,下面总结了六种常见的数据泄露事故。

(1)黑客窃取数据。

在日常生活中,数据泄露防不胜防,黑客能以专用的或自行编制的程序来攻击网络,入侵服务器,窃取数据。

(2)员工失误。

组织中许多数据泄露事故常常是内部人员疏忽或意外造成的。某咨询公司的一项研究发现，40%的高级管理人员和小企业主表示，疏忽和意外损失是他们最近一次安全事件的根本原因。

（3）员工有意泄露。

内部员工（前雇员或在职人员）可能是造成数据泄露最大的出口。内部员工，尤其是肩负重要职位的人员，通常是组织中最先得到大量核心数据的人，他们会在各种可能的情况下出卖或带走数据。2017年1月17日，国内某著名科技公司就曾内部通报了已离职的6名员工涉嫌侵犯知识产权，将公司商业机密泄露给竞争关系公司，涉嫌构成侵权的专利估值高达300万元。

（4）通信风险。

通信是我们日常工作和生活中无处不在的一部分，而通信工具的漏洞和风险无处不在（包括常见的即时通信工具）。最令人恐惧的是，大量员工使用个人设备或个人账户来传送敏感信息，这些简单的社交工具缺少监管和防护措施，很容易造成数据泄露。

（5）网络诈骗。

近年来，电子邮件成为钓鱼诈骗的重灾区。许多人的收件箱中垃圾邮件泛滥成灾，其中不乏混杂着各种诈骗邮件。同时，黑客攻破单个员工的计算机也会泄露大量组织数据。

（6）电子邮件泄露。

很多数据泄露事件发生在电子邮件中，因此要特别小心邮件地址和密码的泄露风险。

2. 数据泄露危害

在信息时代，人们在享受着信息化社会所带来的简单、高效、便捷的同时，也对自身的个人信息安全产生了深深的担忧……"信息裸奔"让人们成了"透明人"，隐私泄露层出不穷，财产受损现象频繁发生。

（1）个人数据泄露的危害。

①金融账户，如支付宝、微信支付、网银等账号与密码被曝光，会被不法分子用来进行金融犯罪与诈骗。

②用户虚拟账户中的虚拟资产可能被盗窃、被盗卖。

③个人隐私数据的泄露会导致大量广告、垃圾信息、电商营销信息等发送给个人，给个人生活上带来极大的不便。

（2）企业数据泄露的危害。

①企业品牌和声誉。企业网站受到攻击，最先受到影响的是企业品牌和声誉。企业绝对不会想要把名声与入侵事件或客户信用卡信息丢失事件联系起来。

②流量损失。无论是信息型网站，还是电子商务网站，网络流量关系到可见性与受欢迎性。如果网站遭受攻击，那些谨慎的客户就可能不再访问该网站，不仅如此，企业网站在搜索引擎上的排名也将受到影响。例如，谷歌通常定期抓取网站数据并进行识别，并将那些被黑客攻击或出现"可疑活动"的网站列入黑名单。

③企业人力成本增加。企业网站受到攻击造成数据泄露时，受影响的不仅仅只是企业声誉；作为企业负责人或负责网站安全的专业人员，也可能会因此去职或被辞退。

④时间成本、资金成本增加。一旦网站受到攻击，造成数据泄露，而且不知道还会有哪些其他风险和漏洞，对于人力物力来说，都是很大的花费。

（3）国家数据泄露的危害。

进入信息化时代，数据被广泛采集汇聚和深度挖掘利用，在促进科技进步、经济发展、社会服务的同时，安全风险不断凸显：有的数据看似不保密，一旦被窃取却可能威胁国家安全；有的数据关系国计民生，一旦遭篡改破坏将威胁经济社会安全。

3.9　SQL 注入（P）

数据作为企业的重要资产保存在数据库中，SQL 注入可能使攻击者获得直接操纵数据库的权限，带来数据被盗取、篡改、删除的风险，给企业造成巨大损失。

SQL 注入可能从互联网兴起之时就已诞生，早期关于 SQL 注入的热点事件可以追溯到1998年。时至今日，SQL 注入在当前的网络环境中仍然不容忽视。

SQL 注入产生的主要原因是，应用程序通过拼接用户输入来动态生成 SQL 语句，并且数据库管理对用户输入的合法性检验存在漏洞。攻击者通过巧妙地构造输入参数，注入的指令参数就会被数据库服务器误认为是正常的 SQL 指令而运行，导致应用程序和数据库的交互行为偏离原本业务逻辑，从而导致系统遭到入侵或破坏。

所有能够和数据库进行交互的用户输入参数都有可能触发 SQL 注入，如 GET 参数、POST 参数、Cookie 参数和其他 HTTP 请求头字段等。

攻击者通过 SQL 注入可以实现多种恶意行为，如：绕过登录和密码认证，恶意升级用户权限，然后收集系统信息、越权获取、篡改、删除数据；或在服务器植入后门，破坏数据库或服务器等。

SQL 注入的主要流程（图3-6）如下：

（1）Web 服务器将表格发送给用户；
（2）攻击者将带有 SQL 注入的参数发送给 Web 服务器；
（3）Web 服务器利用用户输入的数据构造 SQL 串；
（4）Web 服务器将 SQL 发给 DB 服务器；
（5）DB 服务器执行被注入的 SQL，将结果返回 Web 服务器；
（6）Web 服务器将结果返回给用户。

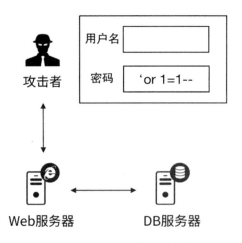

图 3-6　SQL 注入的主要流程

攻击者常用的 SQL 注入有以下5种类型。

（1）Boolean-based blind SQL injection（布尔型注入）。在构造一条布尔语句时通过 AND 与原本的请求链接进行拼接。当这条布尔语句为真时，页面应该显示正常；当这条语句为假时，页面显示不正常或是少显示了一些内容。以 MySQL 为例，比如，攻击者使用在网页链接中输入 https://test.com/view?id=X and substring(version(),1,1)=Y（X 和 Y 分别为某特定值），如果 MySQL 的版本是6.X 的话，那么页面返回的请求就和原本的一模一样，攻击者可以通过这种方式获取 MySQL 的各类信息。

（2）Error-based SQL injection（报错型注入）。攻击者不能直接从页面得到查询语句的执行结果，但通过一些特殊的方法却可以回显出来。攻击者一般是通过特殊的数据库函数引发错误信息，而错误的回显信息又把这些查询信息给泄露出来了，因此攻击者就可以从这些泄露的信息中搜集各类信息。

（3）Time-based blind SQL injection（基于时间延迟注入）。不论输入何种请求链接，界面的返回始终为 True，即返回的都是正常的页面情况，则攻击者就可以构造一个请求链接。当一个请求链接的查询结果为 True 时，通过加入特定的函数如 sleep，让数据库等待一段时间后返回，否则立即返回。这样，攻击者就可以通过浏览器的刷新情况来判断输入的信息是否正确，从而获取各类信息。

（4）UNION query SQL injection（可联合查询注入）。联合查询是可合并多个相似的选择查询的结果集，它等同于将一个表追加到另一个表，从而实现将两个表的查询组合在一起，通过联合查询获取所有想要的数据。联合注入的前提是，页面要有回显位，即查询的结果在页面上要有位置可以展示出来。

（5）Stacked queries SQL injection（可多语句查询注入）。这种注入危害很大，它能够执行多条查询语句。攻击者可以在请求的链接中执行 SQL 指令，将整个数据库表删除，或者更新、修改数据。如输入：https://test.com/view?id=X；update userInfo set score = 'Y' where 1 = 1;（X 和 Y 分别为某特定值），等到下次查询时，则会发现 score 全部都变成了 Y。

3.10 数据库系统漏洞浅析（P）

时至今日，数据库的漏洞已经广泛存在于各个主流的关系型与非关系型数据库系统中，美国 Verizon 公司就"核心数据是如何丢失的"做过一次全面的市场调查，结果发现，75%的数据丢失情况是由于数据库漏洞造成的。这说明及时升级数据库版本，保证数据库尽可能避免因自身漏洞而被攻击是非常重要的。

据 CVE 的数据安全漏洞统计，Oracle、SQL Server、MySQL 等主流数据库的漏洞数量在逐年上升，以 Oracle 为例，当前漏洞总数已经超过了7000个。数据库漏洞攻击主要涉及以下两类。

第一类是拒绝服务攻击，典型代表有 Oracle TNS 监听服务远程利用漏洞（CVE-2012-1675）。攻击者可以自行创建一个和当前生产数据库同名的数据库，用伪数据库向生产数据库的监听模块进行注册。这样将导致用户连接被路由指向攻击者创建的实例，造成业务响应中断。还有 MySQL:sha256_password 认证长密码拒绝式攻击（CVE-2018-2696），该漏洞源于 MySQL sha256_password 认证插件。该插件没有对认证密码的长度进行限制，而直接传给 my_crypt_genhash()，用 SHA256对密码加密求哈希值。该计算过程需要大量的 CPU 计算资源，如果传递一个很长的密码，会导致 CPU 资源耗尽。SHA256函数在 MySQL 的实现中使用 alloca()进行内存分配，无法对内存栈溢出保护，可能导致内存泄漏、进程崩溃。

第二类是提权攻击，如 Oracle 11g with as 派生表越权；Oracle 11.1-12.2.0.1自定义函数提权；PostgreSQL 高权限命令执行漏洞（CVE-2019-9193）。通过此类漏洞，攻击者可获得数据库或操作系统的相关高级权限，进而对系统造成进一步的破坏。

3.11 基于 API 的数据共享风险（P）

API 作为数据传输流转的重要通道，承担着连接服务和传输数据的重任，在政府、电信、金融、医疗、交通等诸多领域得到广泛应用。API 技术已经渗透到了各个行业，涉及包含敏感信息、重要数据在内的数据传输、操作，乃至业务策略制定等环节。伴随着 API 的广泛应用，传输交互数据量飞速增长，数据敏感程度不一，API 安全管理面临巨大压力。近年来，国内外已发生多起由于 API 漏洞被恶意攻击或安全管理疏漏导致的数据安全事件，对相关组织和用户权益造成严重损害，逐渐引起各方关注。

API 的初衷是使得资源更加开放和可用，而各个 API 的自身安全建设情况参差不齐，将 API 安全引入开发、测试、生产、下线的全生命周期中是安全团队亟须考虑的问题。建设有效的整体 API 防护体系，落实安全策略对 API 安全建设而言尤为重要。API 数据共享安全威胁包含外部和内部两个方面的因素。

1. 外部威胁因素

从近年 API 安全态势可以看出，API 技术被应用于各种复杂环境，其背后的数据一方面为组织带来商机与便利，另一方面也为数据安全保障工作带来巨大压力。特别是在开放场景下，API 的应用、部署面向个人、企业、组织等不同用户主体，面临着外部用户群体庞大、性质复杂、需求不一等诸多挑战，需时刻警惕外部安全威胁。

（1）API 自身漏洞导致数据被非法获取。

在 API 的开发、部署过程中不可避免会产生安全漏洞，这些漏洞通常存在于通信协议、请求方式、请求参数和响应参数等环节。不法分子可能利用 API 漏洞（如缺少身份认证、水平越权漏洞、垂直越权漏洞等）窃取用户信息和企业核心数据。例如在开发过程中使用非 POST 请求方式、Cookie 传输密码等操作登录接口，存在 API 鉴权信息暴露风险，可能使得 API 数据被非法调用或导致数据泄露。

（2）API 成为外部网络攻击的重要目标。

API 是信息系统与外部交互的主要渠道，也是外部网络攻击的主要对象之一。针对 API 的常见网络攻击包括重放攻击、DDoS 攻击、注入攻击、Cookie 篡改、中间人攻击、内容篡改、参数篡改等。通过上述攻击，不法分子不仅可以达到消耗系统资源、中断服务的目的，还可以通过逆向工程，掌握 API 应用、部署情况，并监听未加密数据传输，窃取用户数据。

（3）网络爬虫通过 API 爬取大量数据。

"网络爬虫"能够在短时间内爬取目标应用上的大量数据，常表现为在某时间段内高频率、大批量进行数据访问，具有爬取效率高、获取数据量大等特点。通过开放 API 对 HTML 进行抓取是网络爬虫最简单直接的实现方式之一。不法分子通常采用假 UA 头和假 IP 地址隐藏身份，一旦获取组织内部账户，可能利用网络爬虫获取该账号权限内的所有数据。如果存在水平越权和垂直越权等漏洞，在缺少有效的权限管理机制的情况下，不法分子可以通过掌握的参数特征构造请求参数进行遍历，导致数据被全量窃取。

此外，移动应用软件客户端数据多以 JSON 形式传输，解析更加简单，反爬虫能力更弱，更易受到网络爬虫的威胁。

（4）API 请求参数易被非法篡改。

不法分子可通过篡改 API 请求参数，结合其他信息匹配映射关系，达到窃取数据的目的。

以实名身份验证过程为例，其当用户在用户端上传身份证照片后，身份识别 API 提取信息并输出姓名和身份证号，再传输至公安机关进行核验，并得到认证结果。在此过程中，不法分子可通过修改身份识别 API 请求参数中的姓名、身份证号组合，通过遍历的方式获取姓名与身份证号的正确组合。可被篡改的 API 参数通常有姓名、身份证号、账号、员工 ID 等。此外，企业中员工 ID 与职级划分通常有一定关联性，可与员工其他信息形成映射关系，为 API 参数篡改留下可乘之机。

2．内部脆弱性因素

在应对外部威胁的同时，API 也面临许多来自内部的风险挑战。一方面，传统安全通常是通过部署防火墙、WAF、IPS 等安全产品，将组织内部与外部相隔离，达到防御外部非法访问或攻击的目的，但是这种安全防护模式建立在威胁均来自组织外部的假设前提下，无法解决内部隐患。另一方面，API 类型和数量随着业务发展而扩张，通常在设计初期未进行整体规划，缺乏统一规范，尚未形成体系化的安全管理机制。从内部脆弱性来看，影响 API 安全的因素主要包括以下几方面。

（1）身份认证机制。

身份认证是保障 API 数据安全的第一道防线。一方面，若企业将未设置身份认证的内网 API 接口或端口开放到公网，可能导致数据被未授权用户访问、调用、篡改、下载。不同于门户网站等可以公开披露的数据，部分未设置身份认证机制的接口背后涉及企业核心数据，暴露与公开核心数据易引发严重安全事件。另一方面，身份认证机制可能存在单因素认证、无密码强度要求、密码明文传输等安全隐患。在单因素身份验证的前提下，如果密码强度不足，身份认证机制将面临暴力破解、撞库、钓鱼、社会工程学攻击等威胁。如果未对密码进行加密，不法分子则可能通过中间人攻击，获取认证信息。

（2）访问授权机制。

访问授权机制是保障 API 数据安全的第二道防线。用户通过身份认证即可进入访问授权环节，此环节决定用户是否有权调用该接口进行数据访问。系统在认证用户身份之后，会根据权限控制表或权限控制矩阵判断该用户的数据操作权限。常见的访问权限控制策略有三种：基于角色的授权（Role-Based Access Control）、基于属性的授权（Attribute-Based Access Control）、基于访问控制表的授权（Access Control List）。访问授权机制风险通常表现为用户权限大于其实际所需权限，从而使该用户可以接触到原本无权访问的数据。导致这一风险的常见因素包括授权策略不恰当、授权有效期过长、未及时收回权限等。

（3）数据脱敏策略。

除了为不同的业务需求方提供数据传输，为前端界面展示提供数据支持也是 API 的重要功能之一。API 数据脱敏策略通常可分为前端脱敏和后端脱敏，前者指数据被 API 传输至前端后再进行脱敏处理；后者则相反，API 在后端完成脱敏处理，再将已脱敏数据传输至前端。如果未在后端对个人敏感信息等数据进行脱敏处理，且未加密便进行传输，一旦数据被截获、破解，将对组织、公民个人权益造成严重影响。

此外，未脱敏数据在传输至前端时如被接收方的终端缓存，也可能导致敏感数据暴露。而脱敏策略不统一可能导致相同数据脱敏后结果不同，不法分子可通过拼接方式获取原始数据，造成脱敏失效。

（4）返回数据筛选机制。

如果 API 缺乏有效的返回数据筛选机制，可能由于返回数据类型过多、数据量过大等原因形成安全隐患。首先，部分 API 设计初期未根据业务进行合理细分，未建立单一、定制化接口，使得接口臃肿、数据暴露面过大。其次，在安全规范欠缺或安全需求不明确的情况下，API 开发人员可能以提升速度为目的，在设计过程中忽视后端服务器返回数据的筛选策略，导致查询接口会返回符合条件的多个数据类型，大量数据通过接口传输至前端并进行缓存。如果仅依赖于前端进行数据筛选，不法分子可能通过调取前端缓存获取大量未经筛选的数据。

（5）异常行为监测。

异常访问行为通常指在非工作时间频繁访问、访问频次超出需要、大量敏感信息数据下载等非正常访问行为。即使建立了身份认证、访问授权、敏感数据保护等机制，有时仍无法避免拥有合法权限的用户进行非法数据查询、修改、下载等操作，此类访问行为往往未超出账号权限，易被管理者忽视。异常访问行为通常与可接触敏感数据岗位或者高权限岗位密切相关，如负责管理客户信息的员工可能通过接口获取客户隐私信息并出售谋利；即将离职的高层管理人员可能将大量组织机密和敏感信息带走等。企业必须高度重视可能由内部人员引发的数据安全威胁。

（6）特权账号管理。

从数据使用的角度来说，特权账号指系统内具有敏感数据读写权限等高级权限的账号，涉及操作系统、应用软件、企业自研系统、网络设备、安全系统、日常运维等诸多方面，常见的特权账号有 admin、root、export 账号等。除企业内部运维管理人员外，外包的第三方服务人员、临时获得权限的设备原厂工程人员等也可能拥有特权账号。多数特权账号可通过 API 进行访问，居心不良者可能利用特权账号非法查看、篡改、下载敏感数据。此外，部分企业出于提升开发运维速度的考虑会在团队内共享账号，并允许不同的开发运维人员从各自终端登录并操作，一旦发生数据安全事件，难以快速定位责任主体。

（7）第三方管理。

当前，需要共享业务数据的应用场景日益增多，造成第三方调用 API 访问企业数据成为了企业的安全短板。尤其对于涉及个人敏感信息或重要数据的 API，如果企业忽视对第三方进行风险评估和有效管理、缺少对其数据安全防护能力的审核，一旦第三方机构存在安全隐患或人员有不法企图，则可能发生数据被篡改、泄露甚至非法贩卖等安全事件，对企业数据安全、社会形象乃至经济利益造成损失。

综上，API 是数据安全访问的关键路径，不安全的 API 服务和使用会导致用户面临机密性、完整性、可用性等多方面的安全问题。用户在选择解决方案时也需要综合考虑大量 API 的改造成本和周期问题。

3.12 数据库备份文件风险（P）

制订妥善的备份恢复计划是组织保证数据完整性、稳定性的有效手段，尤其是遇到勒索病毒之时，备份更成为抵御勒索病毒的最后一道防线。

首先，数据库备份可能存在的主要问题是部分企业只做了逻辑备份，没有做物理备份。

例如像 MySQL 这类开源数据库，其原生版本不提供物理备份，需要借助 xtrabackup 等第三方备份工具实现数据库备份，对于各种公有云上的 RDS 来说，这个问题尤为突出。

逻辑备份作为一种数据迁移、复制手段，在中小规模数据量下具备一定的优势，例如进行异构或跨版本的数据复制迁移。然而，逻辑备份本身不支持"增量备份"，这造成基于逻辑备份恢复数据后还需要借助如 Oracle logminer、MySQL binlog 等来提取恢复时间点之后的数据进行二次写入；同时，在写入时还需要比对逻辑备份时的 scn 或 gtid，以避免重复写入。因此，逻辑备份在恢复效果和速度上都不如物理备份。

而对于物理备份，则需要制订合理的备份计划，从而保证备份的可用性。物理备份特别是在线备份，需要在备份集中设置一个检查点（checkpoint）。如果不设置检查点，则可能导致备份不可用。因此，需要定期对备份集做恢复演练，来保证备份计划和备份集的有效性。

其次，需要保护好备份集，做好备份集的冗余，即做好备份的备份工作。备份是避免数据库勒索的终极手段，因此目前很多勒索病毒都将攻击对象蔓延到了数据库备份上。特别是对于像 Oracle、SQL Server 这种备份信息本身就可以保存在数据字典中的数据库来说更加容易遭受此类攻击。

最后，无论是逻辑备份还是物理备份，都应当做好备份加密工作，以避免被复制后在异地恢复时造成数据泄露。加密可借助于数据库自身的加密技术来实现，如用 Oracle tde 或在 expdp 导出时指定 ENCRYPTION、ENCRYPTION_MODE 等参数，MySQL 可以在 mysqldump 时通过 openssl 及 zip 压缩。参考：

```
mysqldump --user=testuser--password=testpwd--databases db1| gzip - | openssl des3 -salt -k manager1 -out /data/backup/db1.sql.gz.des3
```

其中 manager1 为加密密码，使用时建议定期更换。

3.13　人为误操作风险（E）

在日常的开发和数据库运维中，数据误操作是非常常见的，几乎每个数据库开发人员、数据库管理员、数据仓库技术（Extract-Transform-Load，简称 ETL）开发人员都或多或少遇到过相关的问题。常见的场景：比如同时打开两个数据库客户端工具，一个连接生产环境，一个连接测试环境，由于生产与测试通常只用 schema 或用户名来区分（如生产环境中叫 app，测试环境中则叫 app_dev），其他对象名均完全一致。这时候往往本应执行删除测试环境中的数据（app_dev），结果却误删了生产环境（app）的数据。又或者是发生 delete、update 逻辑错误，本应删除上周的数据，结果误删了本周的数据，凡此种种不胜枚举。

避免数据误操作的关键是，保证数据或元数据的变更必须流程化、规范化，一定要经过严格的审核后才可执行。操作前一定要做好数据快照或备份，特别是对于 truncate table、drop table（purge）这类不可逆的 DDL 操作来说，操作前的数据备份更是尤为重要，一旦发现问题，立刻通过回滚将损失降到最低。

还有一种少见但影响面极大、危害极高的人为误操作——数据库文件误删除。在笔者的数据库管理员生涯中曾多次遇到过一些灾难恢复场景，如 Oracle 无备份情况下删除 current redo 导致的宕机、删除 MySQL 的 ibdata 文件或其他数据文件导致 MySQL 实例宕机等。此类文件均属于数据库实例运行时的必要文件，一旦被误删，数据库实例会立即崩溃。因此，需要避免在数据库服务器上使用 rm -rf 等高危操作，或者将 rm alias 改为 mv，通过 alias 实现回收站的效果，最大程度地减少误操作造成的损失。

第 4 章 数据安全保护最佳实践

4.1 建设前：数据安全评估及咨询规划

4.1.1 数据安全顶层规划咨询

数据安全策略是数据安全的长期目标，数据安全策略的制定需从安全和业务相互平衡的角度出发，满足"守底线、保重点、控影响"的原则，在满足合法合规的基础上，以保护重要业务和数据为目标，同时保证对业务的影响在可控范围之内。

由于数据安全与业务密不可分，数据安全的工作开展不可避免地需要专职安全人员、业务人员、审计、法务等人员组成的团队的参与，在最后的落地实施上，还需要全员配合。无论使用何种数据安全策略，都需要专门的数据安全组织的支持。因此需建立对数据状况熟悉的专责部门来负责数据安全体系的建设工作。数据安全组织建设涉及以下三个方面的内容。

1. 组织架构

组织架构可参考数据安全能力成熟度模型（DSMM）中的组织架构进行建设，包括决策层、管理层、执行层、监督层和普通员工（图4-1）。

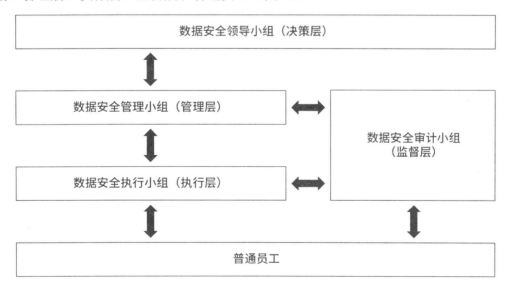

图 4-1 组织架构

2．组织成员

组织成员需包含业务领域领导、业务领域中负责安全职能的人员、安全负责人、专职安全部门、审计团队、普通员工等。监督层是独立的组织，其成员不建议由其他部门兼任，一般由审计部门担任。监督层需要定期向决策层汇报当前数据安全状况。

3．权责机制

权责机制指依据权责对等的原则，为每个岗位角色制定相应的权力和职责描述，明确数据安全治理的责任、岗位人员的技能要求等。

数据安全治理的工作开展应遵循自上而下的原则，即需要在数据安全工作的前期先就总体策略在管理层达成共识，确定数据安全体系的目标、范围、安全事项的管理原则。这也是 DSG 框架倡导的方式。

4.1.2 数据安全风险评估

传统的信息安全风险评估基本上是围绕信息系统和网络环境开展安全评估工作；而数据安全风险评估则是以数据为核心，通过现场调研和技术评估相结合的方式对数据运行现状开展全面风险评估，了解数据管理制度与实施控制的存在性及有效性，评估分析数据整体的安全风险，将其作为安全体系规划建设的重要参照依据。数据安全风险评估报告至少需包含本组织掌握的重要数据的种类和数量，涵盖收集、存储、加工和使用数据的情况。

数据安全风险评估可以从全局视角、业务场景视角、个人信息数据视角三个维度进行。

1．全局视角

根据《信息安全技术 数据安全能力成熟度模型》（GB/T 37988—2019）的要求，对组织的系统、平台、组织等开展数据安全能力成熟度的评估工作，发现数据安全能力方面的短板，了解整体的数据安全风险，明确自身的数据安全管理水平；参照数据安全能力成熟度模型，制定有针对性的数据安全改进方案及整体提升计划，指导组织后期数据安全建设的方向。

从组织全局的角度，以身份认证与数据安全为核心，以数据的全生命周期的阶段作为各个安全过程域，从组织建设、制度与流程、技术与工具、人员能力四个维度对数据安全防护能力进行评估，进而全面了解本单位目前的数据安全管理运行现状。

2．业务场景视角

基于业务场景的数据安全风险评估的做法是，通过调研业务流和数据流，综合分析评估资产信息、威胁信息、脆弱性信息、安全措施信息，最终生成风险状况的评估结果。

为了达成安全性的整体目标，基于业务场景的数据安全风险评估围绕数据相关业务开展详细的风险调研、分析，生成数据风险报告，并基于数据风险报告提出符合单位实际情况并且可落地推进的数据风险治理建议。建立数据采集的风险评估流程主要包括：明确数据采集的风险评估方法，确定评估周期和评估对象，研究和理解相关的法律法规并纳入合规评估要求，例如是否符合《中华人民共和国网络安全法》《中华人民共和国数据安全法》《中华人民共和国个人信息保护法》等国家法律法规及行业规范。

3．个人信息数据视角

个人信息数据风险评估包括横向和纵向两个维度的评估（横向指同一数据项从采集、传输、存储、处理、交换到销毁的全过程评估，纵向指同一加工节点上针对不同数据类别的措施评估），以及第三方交互风险评估。通过制定针对性管理和技术措施形成个人信息保护规范指引，重点为隐私安全进行管理规划，确定合法合规的具体条例和主管部门，确定数据安全共享方式的细化方案等。个人信息数据风险评估能够在规避数据出境、数据越权使用等风险的同时，最大化地发挥数据价值。

个人信息安全影响评估是个人信息控制者实施风险管理的重要组成部分，旨在发现、处置和持续监控个人信息处理过程中的安全风险。在一般情况下，个人信息控制者必须在收集和处理个人信息前开展个人信息安全影响评估，明确个人信息保护的边界，根据评估结果实施适当的安全控制措施，降低收集和处理个人信息的过程对个人信息主体权益造成的影响；另外，个人信息控制者还需按照要求定期开展个人信息安全影响评估，根据业务现状、威胁环境、法律法规、行业标准要求等情况持续修正个人信息保护边界，调整安全控制措施，使个人信息处理过程处于风险可控的状态。

4.1.3 数据安全分类分级咨询

数据分类分级管理不仅是加强数据交换共享、提升数据资源价值的前提条件，也是数据安全保护的必要条件。《中华人民共和国数据安全法》《科学数据管理办法》《国务院关于印发"十三五"国家信息化规划的通知》等法规和文件对数据分类分级提出了明确要求。

数据分类和数据分级是两个不同的概念。其中，数据分类是指企业、组织的数据按照部门归属、业务属性、行业经验等维度对数据进行类别划分，是个复杂的系统工程。数据分级则是从数据安全、隐私保护和合规的角度对数据的敏感程度进行等级划分。确定统一可执行的规则和方法是数据分类分级实践的第一步，通常以业务流程、数据标准、数据模型等为输入，梳理各业务场景数据资产，识别敏感数据资产分布，厘清数据资产使用的状况。从业务管理、安全要求等多维度设计数据分类分级规则和方法，制定配套的流程机制。同时，完成业务数据分类分级标识，形成分类分级清单，结合数据场景化设计方案，明确不同敏感级别数据的安全管控策略和措施，构建不同业务领域的场景化数据安全管理矩阵，最后输出数据分类分级方法和工作手册等资料，作为数据分类分级工作的实施参考依据。

4.2 建设中：以 CAPE 数据安全实践框架为指导去实践

4.2.1 数据库服务探测与基线核查（C）

攻防两方信息不对称是网络安全最大的问题。攻击方只要攻击一个点，而防守方需要防守整个面。

从大量的实践案例来看，很多单位并不清楚自己有多少数据库资产；或者虽然有详细的数据库资产信息记录，但是实际上还有很多信息没有被记录或记录内容与实际情况不相符。

我们无法防护或者感知我们不知道或者无接触的数据库。这些我们看不到的或者无人进行常态化管理的数据库，会产生巨大的风险。因为无接触，所以常规性的安全运维加固就会忽略这些系统、照顾不到这些孤立的数据库，很容易产生很多配置风险，比如直接暴露在外、包含很多已知的漏洞、包含弱口令等。这些风险就容易成为攻击方的突破口，从而产生数据安全事件。

通过数据库服务探测与基线检查工具提供的数据库漏洞检查、配置基线检查、弱口令检查等手段进行数据资产安全评估，通过安全评估能有效发现当前数据库系统的安全问题，对数据库的安全状况进行持续化监控，保持数据库的安全健康状态。

以 Oracle 为例，Oracle 数据库安全基线配置检查如下。

(1) 数据库漏洞。
   a. 授权检测。
   b. 模拟黑客漏洞发现。

(2) 账号安全。
   a. 删除不必要的账号。
   d. 限制超级管理员远程登录。
   e. 开启用户属性控制。
   f. 开启数据字典访问权限。
   g. 限制 TNS 登录 IP 地址。

(3) 密码安全。
   a. 配置账号密码生存周期。
   b. 重复密码禁止使用。
   c. 开启认证控制。
   d. 开启密码复杂度及更改策略配置。

(4) 日志安全。
   a. 开启数据库审计日志。

(5) 通信安全。

a. 开启通信加密连接。
　　b. 修改默认服务端口。

总之，数据库服务探测与基线核查的目的是识别风险并降低风险。

第三方安全产品通过以下几个方面来识别风险并降低风险。

（1）通过自动化的工具探测全域数据库服务资产，资产信息包含数据库类型、数据库版本号、数据库IP地址、数据库端口等信息，形成数据库服务资产清单。

（2）通过自动化的工具扫描数据库服务，核查数据库是否存有未修复的漏洞，漏洞风险的级别。基于实际情况，建议采用虚拟补丁的方式对数据库做漏洞防护，防止漏洞被利用。

（3）通过自动化的工具扫描数据库服务，核查数据库是否存在弱口令；如有，需把弱口令修改成符合要求的安全密码。

（4）通过自动化的工具扫描数据库服务，核查数据库配置是否按数据库厂商的要求或最佳实践开启相关安全基线配置，如密码复杂度达标、限制超级管理员远程登录等。

（5）建议对数据库服务开启可信连接配置，业务账号仅允许"业务IP"连接，运维账号仅允许"堡垒机IP"建立连接。

（6）建议按月定期开展安全扫描检查并输出风险评估报告，确保数据库服务的自身环境安全可靠。

可参考如图4-2所示的方式部署扫描工具进行检查。

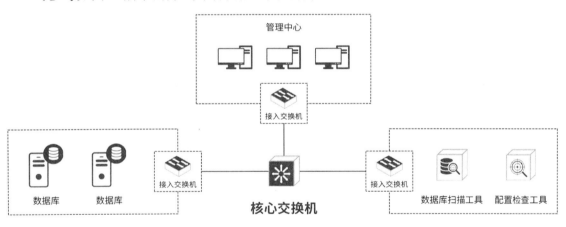

图 4-2　扫描工具部署拓扑图

4.2.2　敏感数据分类分级（A）

1. 敏感数据分类分级的标准和法律法规

是否存在一种通用的标准和方法，可以用于设计所有行业的数据安全分类分级模型，并在其基础上定义具体的数据安全分类类目与分级级别？答案是否定的。

大部分行业采用的是五级或四级的分级标准。国内的定级要素主要参考的是数据安全性遭到破坏后可能造成的影响，如可能造成的危害、损失及潜在风险。即影响程度与影响对象是主要的划分依据。

当前，国内已有多个行业发布过数据分类分级指引文件，《证券期货业数据分类分级指引》（JR/T 0158—2018）、《金融数据安全 数据安全分级指南》（JR/T 0197—2020）、《基础电信企业数据分类分级方法》（YD/T 3813—2020）、《信息安全技术 健康医疗数据安全指南》（GB/T 39725—2020）等。

以《金融数据安全 数据安全分级指南》为例，该指南中列举了4种影响对象：国家安全、公众权益、个人隐私、企业合法权益；而在影响程度方面也列举了4种严重程度：严重损害、一般损害、轻微损害、无损害。结合以上两个维度，金融机构数据的安全级别从高到低划分为5级、4级、3级、2级、1级。

在《基础电信企业数据分类分级方法》中，数据分级依据同时考虑数据对象发生安全事件时对国家安全、社会公共利益、企业利益及用户利益的影响程度，并选取重要敏感程度最高的等级。安全级别的划分从高到低为4级、3级、2级、1级。

此外，在《公安大数据处理 数据治理 数据分类分级技术要求》中，更有一些复杂的情形："敏感级别按照0X～9X进行设置，另外也可以根据需要对每一个级别进一步细化，最多可细化成01～99级，数值越小，敏感级别越高。"

2．敏感数据分类分级的含义

数据安全分类分级是一种根据特定和预定义的标准，对数据资产进行一致性、标准化分类分级，将结构化和非结构化数据都组织到预定义类别中的数据管理过程；也是根据该分类分级实施安全策略的方法。

在数据安全实践的范畴中，分类分级的标识对象通常为"字段"，即数据库表中的各个字段根据其含义的不同会有不同的分类和分级（图4-3）。而在一些情况下则可以适当放宽分类分级的颗粒度，在"数据表"这一级别进行统一分类分级标识即可。

字段名	数据库名	Schema	表名	是否新增	规则名称 ⑦	识别字段	实际分类	实际分级
address1	mask_test_100w	mask_test_100w	_doc	是	详细地址	家庭住址	个人基本信息	3级
name2	mask_test_100w	mask_test_100w	_doc	是	姓名	姓名	个人基本信息	3级
phone2	mask_test_100w	mask_test_100w	_doc	是	手机号	手机号	个人联系信息	3级
city2	mask_test_100w	mask_test_100w	_doc	是	城市	城市	客户-个人-个人自然信息-个人联系信息	

图4-3 字段级别的分类分级结果

3．敏感数据分类分级的必要性

在当前的数字化时代，使用大数据技术有助于强化自己的竞争力，在激烈的行业竞争中争取先机，因而很多科技公司都转型成为大数据公司。当数据成为组织最关键的核心资产时，逐渐暴露出数据庞杂这一现实问题。例如，一家企业的数据库系统里可能拥有几亿条、几十亿条，甚至上百亿条数据信息。

（1）风险问题的控制。

在上述背景下，倘若不展开系统性的分类分级工作，我们便不知道拥有什么数据资产及其所处的位置。如果不知道敏感数据存在哪里，也就无法讨论最小化授权、精细化权限管控。而过度授权，引发数据泄露的风险问题将始终难以得到控制。

（2）合规监管的要求。

根据我国相关法律法规的规定，要建立数据分类分级保护制度，对数据实行分类分级保护，加强对重要数据的保护。所有涉及数据处理活动的单位都必须开展敏感数据分类分级工作。

（3）数据保护的前提。

数据安全分类分级是任何数据资产安全和合规程序的重要组成部分，是其他数据安全能力发挥作用的基础条件。进行数据安全分类分级的主要目的是确保敏感数据、关键数据和受到法律保护的数据得到真正的保护，降低发生数据泄露或其他类型网络攻击的可能性。

4．敏感数据分类分级的方法

很显然，完全靠人工的方法是难以有效完成敏感数据梳理的。我们需要借助专业的数据分类分级工具，以高效完成这一任务，从而避免在满足大量数据安全性及合规性需求时力不从心。

敏感数据分类分级建议（图4-4）可以帮助企业有效地开发和落地数据安全分类分级的流程，进而满足企业数据安全、数据隐私及合规性要求。

图4-4　敏感数据分类分级建议

（1）根据目标制订落地计划。

不能盲目地进行数据安全分类分级。在进行之前，需考虑为什么进行数据安全分类分级。分类分级是一个动作而不是目的，分类分级可以无穷无尽地开展下去，所以定好初期的业务需求目标非常关键。是为了安全、合规还是保护隐私？是否需要查找个人身份信息、银行卡号等数据？敏感数据具有很多类型，而且对于多个数据库，确定哪些作为切入点也十分重要。比如：如果企业有一个可能包含许多敏感数据的客户关系管理（Customer Relationship Management，简称CRM）数据库，那么可以此作为切入点。

（2）使用软件工具实现自动化流程。

在以数据为中心的时代，手动进行数据发现和分类分级已不适用。手动方法无法保证准确性和一致性，具有极高的风险，也可能会出现分类分级错漏，而且十分耗时。建议构建一种自动化的数据发现和分类分级解决方案，从而直接从表中搜索数据，以得到更精准的结果。在实践中，数据分类分级工具往往会提供以下三个方面的算法支持：敏感数据识别、模板类目关联、手动梳理辅助。具体技术方面的内容介绍详见6.2节。

（3）持续优化。

数据发现和分类分级并非一次性任务。数据是动态变化的、分布式的和按需处理的；会不断有新的数据和数据源汇入，并且数据会被共享、移动和复制。此外数据也会随着时间而发生改变。如在某个时间点某些数据并不是敏感数据，但是当时间发生变化后可能变为敏感数据。自动化数据分类分级过程需要可重复、可扩展且有一定的时效性。

（4）采取行动。

最重要的便是从现在开始，投入实践。首先强化对重点的敏感数据源和数据进行分类分级；然后实施有效的访问策略，例如脱敏及"网闸"等技术，也可以通过UEBA技术持续监控，发现可疑或异常行为，部署用于保护敏感数据（如保障数据可用不可见）的软件或灵活的加密解决方案等。

对任何企业、任何业务阶段，重视敏感数据的分类分级都是至关重要的。例如企业正在准备将业务迁移至公有云或私有云中，以提高敏捷性和生产力，那么就应注意防御网络攻击风险，并要满足越来越严格的数据安全合规性要求。

因此，对数据安全分类分级的需求比以往任何时候都更加紧迫。

5．第三方安全产品防护

利用分类分级辅助工具，通过人工+自动、标签体系、知识图谱、人工智能识别等技术，对数据进行分类分级。

数据分类是指，把相同属性或特征的数据归集在一起，形成不同的类别，方便通过类别来对数据进行的查询、识别、管理、保护和使用，是数据资产编目、标准化，数据确权、管理，提供数据资产服务的前提条件。例如：行业维度、业务领域维度、数据来源维度、数据共享维度、数据开放维度等，根据这些维度，将具有相同属性或特征的数据按照一定的原则和方法进行归类。

数据分级是指，根据数据的敏感程度和数据遭到篡改、破坏、泄露或非法利用后对受害者的影响程度，按照一定的原则和方法进行定义。数据分级参考数据敏感程度（公开数据、内部数据、秘密数据、机密数据、绝密数据等）或受影响的程度（严重影响、重要影响、轻微影响、无影响等）。

第三方分类分级产品应具备以下能力：数据源发现与管理、敏感数据自动识别、分类分级标注、行业模板配置、自定义规则配置等。分类分级工具部署拓扑图如图4-5所示。

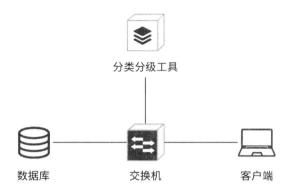

图 4-5 分类分级工具部署拓扑图

4.2.3 精细化数据安全权限管控（A）

企业在对自身数据进行分类分级之后，需要基于业务运行需求及分类分级结果对数据库账号进行精细化的权限管控。目前数据权限管控普遍的需求主要有两大类，一类是行级别（row 或 cell）的管控，一类是字段级别（column）的管控。

对于业务账号来说，原则上需要赋予该账号所需的能保障业务正常运行的最小权限（principle of least privilege），但如何在操作中界定最小权限，实际上存在着种种困难，由于权限直接继承与间接继承的复杂性（参见3.5高权限账号管控较弱），对于如何根据访问行为，发现过度授权行为，还是存在一定难度的。为了解决该问题，Oracle 在12c 以后的版本中引入了一个新特性：Privilege Analysis。该功能是 Oracle database vault 的一个模块，其核心原理是通过捕获业务运行时数据库用户实时调用的对象，结合其自身具备的权限来判断该数据库用户是否存在多余的系统或对象权限，并给出相应的优化建议。

由于上述工具内置在 Oracle database vault 中，无论是购买还是使用均存在较高成本，这不是所有企业都能接受的，但我们可以借鉴其思路，结合数据审计产品，依靠人工进行梳理和总结。

首先，我们需要获取当前用户本身已经具有的权限，再从数据审计中抽取一段时间内的审计日志（比如一周内），数据审计可以针对用户调用的对象、执行的操作进行汇聚统计。通过这些统计，可以发现该用户对数据库对象的操作情况。如 user1同时具有对 user2下某些对象的 select 权限，但在一段时间内的数据审计日志中，从未发现 user1有查询 user2下的表的行为记录，由此我们就可以进一步怀疑，将 user2下的对象授权给 user1是否是一种过度授权行为。

另外，对于存储过程、函数、触发器等预编译对象，则可以借助于相关视图（如 Oracle 的 ALL_DEPENDENCIES 等）来判断这些对象具体引用了哪些表。如果过程、函数、包等未加密，还可展开分析代码，判断引用对象的具体操作，再借助数据审计中业务账号对这些 udf、存储过程、package 的调用情况来判断是否应该将相应权限赋予该业务账号。

其次，将数据账号权限梳理完成后，我们需要通过数据库自身的权限控制体系（简称权控体系）进行权限的授予（grant）或回收（revoke）。切记权限的操作需要在业务高峰时间段内发起，特别是对于像 Oracle、db2 这类有执行计划缓存的数据库。对于字段级别的控制，除了像 MySQL 等特殊的数据库类型，大多只能通过上层封装视图来实现。另外，通过查看视图源码也可以找到底层的基表与字段，但效果不甚理想。而对于行级别的限制，目前主流数据库依靠自身能力均难以实现。

以上两类需求若要精准实现，通常通过数据库安全网关进行基于字段或返回行数的控制。基于字段的访问控制可结合用户身份与数据分类分级结果，数据库用户基于自身的业务需求及身份类型精细化控制指定表中哪些字段可以访问、哪些字段不能访问。如 MySQL 的 root 用户仅能访问业务中二级以下的非敏感数据，二级以上的敏感数据如无权限申请请求，则一律拒绝访问或返回脱敏后的数据。

基于行数的访问控制，主要采用针对 SQL 请求中返回结果集记录条数的阈值来进行控制。例如，正常情况下一个分页查询只能查 500 条记录，超过 500 条以上的返回行数则拒绝访问。行数控制的另外一种使用场景是在数据操作（Data Manipulation Language，简称 DML）中，数据库安全网关预先判断删除或升级的影响范围是否会超过指定值，一旦超过则进行阻断。

综上，独立于数据库自身的权控体系以外，使用第三方数据库安全网关的优势在于可支持的数据库类型多，且对业务和数据库自身无感知，数据库本身无须增加额外配置，从而极大地降低权限控制系统的使用门槛。

我们通常会通过部署第三方数据安全网关产品，基于 IP 地址、客户端工具、数据库用户、数据库服务器等对象，实施细粒度权限管理，实现数据安全访问控制。

4.2.4 对特权账号操作实施全方位管控（A）

数据的特权账号通常属于数据库管理员、CTO 及数据仓库开发人员等用户。这些用户会被赋予业务层面的 select any table 权限账号。对于特权用户的监管是非常重要但同时也是非常困难的。对于系统用户，像 Oracle 的 sys、MySQL 的 root、SqlServer 的 sa 账号等，在一些特定场景下可以将其禁用来降低安全风险。但在实际运维操作中，终究还是需要一个高权限的账号来做数据库日常的备份、监控等工作，禁用账号的本质只是将账号重新命名，无法解决实际问题。而账号也无法对自身权限进行废除（revoke）。因此，仅依靠数据库自身的能力很难限制特权账号的权限范围，需要借助于类似 Oracle VPD 之类的安全组件，但这类组件只针对特定数据库的特定版本，并不具备普遍适用性。

另外，RDBMS 的特权账号往往存在多人共用一个账号的现象，虽然企业会通过堡垒机、网络层面的 ACL 等手段来进行限制，但这些限制非常容易被绕开，一旦相关限制策略被绕行，特权账号可以在避开数据库自身监管的情况下进行任意检索，修改数据库中的业务数据、审计记录、事务日志等，甚至是直接删除核心数据。

对于特权账号的管控，首先要做到账号与人的绑定。除特殊场景外，尽量减少 sys、root 等账号的使用；同时关闭数据库的 OS 验证，所有账号登录时均需提供密码。对于像 Oracle

之类的商业数据库，有条件的情况下可以将账号与 AD 进行绑定，再结合数据库网络访问审计与本地审计能力，保证数据的操作行为可以直接定位到人。MySQL 的企业版也提供了 ldap 模块，能实现类似的功能。对于云上的 RDS 服务，则需要严格管理控制台的账号，做到专人专号；对于通过数据库协议访问 RDS 的，建议通过黑、白名单机制来限制从指定的网络、IP 地址登录，登录时必须通过数据库安全网关提供七层反向代理 IP 及端口才能登录 RDS 数据库。

特权账号在对业务数据访问与修改时，需要结合分类分级的成果，确定访问的黑、白名单。例如指定某一类别中某敏感级别以上的数据，如无审批一律不得访问或修改。利用数据库安全网关对特权账号进行二次权限编排，仅给其职责范围内的权限，如查看执行计划、创建 sql plan 基线、扩展表空间、创建索引等，对于业务数据的 curd 操作则一律回收。而对于业务场景，当排错需要查看或修改部分真实数据时，需提交运维申请，申请通过后方可执行。

对于通过申请的特权账号，还可以结合数据库安全网关的返回行数控制+返回值控制+动态数据脱敏（也称动态脱敏）来进行细粒度的限制，只允许该用户查看指定业务表的若干行数据,同时返回结果集中不得包含指定的内容一旦超出设定的范围则立即阻断或告警。同时，利用动态脱敏技术限制该账号访问非授权的字段，在不影响数据存储和业务正常运行的情况下，阻止特权账号查询到真实的敏感数据。

基于数据库自身权限管控的基础上，一般通过提供第三方数据安全网关解决特权用户账号权限过高和精细化细粒度权限管理问题。

4.2.5 存储加密保障数据存储安全（P）

在数据库中，数据通常是以明文的形式进行存储。要保证其中敏感数据的存储层的安全，加密无疑是最有效的数据防护方式。数据以密文的形式进行存储，当访问人员通过非授权的方式获取数据时，获取的数据是密文数据。虽然加密算法可能是公开的，但在保证密钥安全的情况下，仍可以有效防止数据被解密获取。数据的加密应使用通过国家密码认证的加密产品完成加密，满足数据安全存储的同时能够满足相关合规要求。

除了保证数据的保密性，还要用其他一些方法来辅助加密的可用性，其中包括权限控制、改造程度和性能影响。

对于密文数据的访问，需要进行权限控制，此时的权限控制应该是独立于数据库本身的增强的权限控制。当密文访问权限未授予时，即使数据库用户拥有对数据的访问权限，也只能获取密文数据，而不能读取明文数据；只有授予了密文访问权限，用户才能正常读取明文数据。

在数据加密时，还要考虑透明性，尤其对于一些已经运行的应用系统，应尽量避免应用系统的改造。因为如果为了实现数据加密需要对应用或数据库进行较大的改造工作，则会加大加密的落实难度，同时修改代码或数据库也可能带来更多问题，影响业务正常使用。

性能也是要着重考虑的事情。数据加密和解密必然带来计算资源消耗，不同的加密方式会有一定差别，但总体来讲跟加密/解密的数据量成正比，尤其是数据列级。当数据加密后查询时，全表扫描可能导致全部数据解密后才能获得预期数据结果，而这个过程通常需要很多计算资源和时间，使得业务功能无法正常使用。

当前很多主流的数据库都会提供数据加密功能，如 MySQL 的5.7.11版本会提供表空间数据加密功能。为实现表空间数据加密，需要先安装 keyring_file 插件，该插件仅支持5.7.11以上版本，对于具有主数据库/备份数据库、读写分离等的高可用环境，需要对每个节点进行单独部署。首先检查数据库的版本。参考语句：

```
SELECT @@version
5.7.28-enterprise-commercial-advanced
```

在数据库服务器上创建和保存 keyring 的目录，并授予 MySQL 用户相应权限，如未提供 SSH，可手动创建并指定。参考语句：

```
[root# mysql]# pwd
```

执行结果如下：

/usr/local/mysql

```
[root#mysql]#mkdir keyring
[root#mysql]#chmod -R 750 keyring/
[root#mysql]#chown -R mysql.mysql keyring
```

安装 keyring 插件：

```
mysql> INSTALL PLUGIN keyring_file SONAME 'keyring_file.so';
```

为 keyring 插件指定目录：

```
mysql> set global keyring_file_data='/usr/local/mysql/keyring/keyring';
```

此目录为默认目录，前一个 keyring 为需要手动创建的目录，后一个 keyring 为安装插件后自动生成的密钥文件，生成时文件为空，加密数据表后，将生成密钥。

进行如上配置以后需修改 my.cnf，防止重启失效。在 my.cnf 文件的[mysqld]下添加：

```
early-plugin-load=keyring_file.so
keyring_file_data= /usr/local/mysql/keyring/
```

查看插件状态语句参考如下：

```
SELECT PLUGIN_NAME, PLUGIN_STATUS
    FROM INFORMATION_SCHEMA.PLUGINS
    WHERE PLUGIN_NAME LIKE 'keyring%';
```

执行结果如下：

Plugin_name	plugin_status
Keyring_file	ACTIVE

如不再需要加密则可卸载该插件。卸载前建议检查是否仍然有密文表未解密，如果直

接卸载插件，则可能造成密文表无法解密的情况。查看密文表的语句可参考如下：

```
SELECT COUNT(*) FROM INFORMATION_SCHEMA.TABLES
WHERE  CREATE_OPTIONS LIKE '%ENCRYPTION=\'Y\'%';
```

在确认后，可参考如下语句卸载插件：

```
mysql> UNINSTALL PLUGIN keyring_file;
```

第三方安全产品通过对本地数据实施加密/解密，实现防拖库功能。

（1）业务系统数据传输到数据库中，直接通过加密/解密系统自动加密。

（2）加密后数据以密文的形式存储。

（3）用户层面无感知，在不修改原有数据库应用程序的情况下实现数据存储加密（图4-6）。

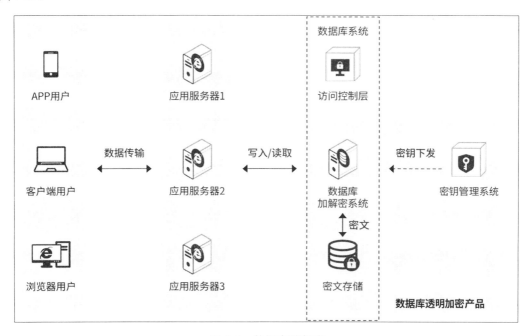

图 4-6　数据存储加密

4.2.6　对分析和测试数据实施脱敏或添加水印（P）

在数据分发过程中，因分发对象的安全防护能力不可控，有可能造成数据泄密事件发生，因此需要对数据进行事先处理，通常我们采用将数据脱敏或为数据打水印的方法。

数据脱敏是指，在指定规则下，将原始数据进行去标识化、匿名化处理、变形、修改等技术处理（图4-7）。脱敏后的数据因不再含有敏感信息或已无法识别或关联到具体敏感数据，故能够分发至各类数据分析、测试场景进行使用。早期的脱敏多为手动编写脚本的方式将敏感数据进行遮蔽或替换处理，而随着业务系统扩张，需要脱敏的数据量逐渐增多，另外，由于数据需求方对脱敏后的数据质量提出了更高的要求，如需要满足统计特征、需要满足格式校验、需要保留数据原有的关联关系等,使得通过脚本脱敏的方式已经无法胜任,从而催生出了专门用作脱敏的工具化产品,以针对不同的使用场景和需求。这里将从以下7个场景展开描述。

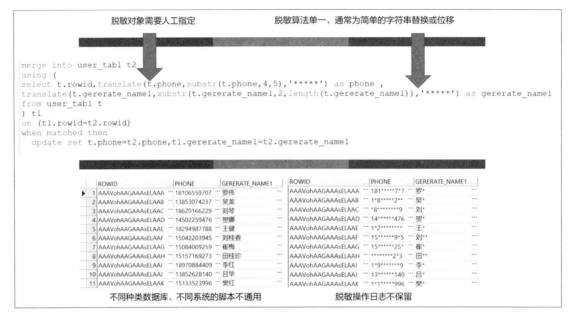

图 4-7　数据脱敏示意图

场景一:功能或性能测试

随着业务系统对稳定性和可靠性要求逐渐提升,新系统上线前的测试环节也加入了更多细致、针对性较强的测试项,不仅要保障系统在正常状态下稳定运行,还要尽可能保障极端情况下核心关键模块依然能够提供最基础服务;测试目的不仅要测试出异常问题,还需要测试出各个临界值,让技术团队可以事先准备应急响应方案,确保在异常情况下也能够有效控制响应时间。

为了达到此类测试目的,测试环节需要尽量模拟真实的环境,以便观察有效测试结果。因此如果使用脱敏后的数据进行测试,则脱敏后的数据要能保持原有数据特征及关联关系,例如需要脱敏后的数据依然保持身份证号格式,能够通过机器格式校验;需要脱敏后的数据不同字段间依然保留脱敏前的关联关系。

场景二:机器学习或统计分析

大数据时代,人工智能技术在各行业遍地开花,企业决策者需要智能 BI 系统根据海量数据、样本得出分析结果,并以此作为决策依据;在医疗行业中,需要将病患数据交由第三方研究组织进行分析,在保障分析结果的同时不泄露病患隐私信息,这就需要脱敏后的数据依旧满足原始数据的统计特征、分布特征等;手机购物 App 向个人用户推送的商品广告,也是通过了解用户的使用习惯及历史行为后构造了对应的人物画像,然后进行针对性展示。

这类智能系统在设计、验证或测试中，往往都需要大量的有真实意义或满足特定条件的数据，例如，去除字段内容含义但保留标签类别频次特征；针对数值型数据，根据直方图的数量统计其数据分布情况，并采样重建，确保脱敏后的数据依然保留相近的数据分布特征；要求脱敏后的数据依然保持原数据的趋势特征（图4-8）；要求脱敏后数据依然保留原数据中各字段的关联关系等（图4-9）。脱敏后的数据必须满足这些条件，才能被使用到这类场景中。

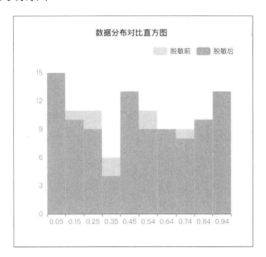
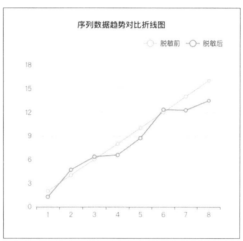

图 4-8　脱敏前后数据分布统计趋势示意图

图 4-9　脱敏前后数据关联关系图

场景三：避免被推导

脱敏后的数据将可能分发至组织外使用，数据已脱离组织管控范围。为有效去标识化和匿名化，脱敏过程应当保证对相同数据分别执行的多次脱敏结果不一致，防止不法分子通过多次获取脱敏后的数据，并根据比对和推理反向推导原始数据。

场景四：多表联合查询

与上一个场景不同，在某些情况下，因使用方式的需要，必须保证相同字段每次脱敏处理后的结果都要保持一致,以便协作时能够进行匹配和校验。这是比较特别的情况,此时将要求脱敏结果的一致性。例如多张数据表需要配合使用,或需要完成关联查询且其中关联字段为敏感数据需要脱敏,此时若脱敏结果不一致,则无法完成关联查询操作。

场景五:不能修改原始数据

数字水印技术是指将事先指定的标记信息(如"XX 科技有限公司")通过算法做成与原始数据相似的数据,替换部分原始数据或插入原始数据中,达到给数据打上特定标记的技术手段。数字水印不同于显性图片水印。数字水印具有隐蔽性高、不易损毁(满足健壮性要求)、可溯源等特性,常见的水印技术有伪行、伪列、最小有效位修改、仿真替换等,根据不同场景,可使用不同的水印技术来满足需求。

在有些场景下,因数据处理的需要,不能对原始数据进行修改,或是敏感级别较低的数据字段,可对外进行公开。此时可添加数字水印。一旦发现泄密或数据被恶意非法使用,可通过水印溯源找到违规操作的单位对其进行追责。伪行(图4-10)、伪列(图4-11)的水印技术,顾名思义是在不修改原始数据的前提下,根据指定条件,额外插入新的行或列,伪装成与原始数据含义相似或相关联的数据。这些新插入的数据即为水印标记,可用作溯源。

图 4-10　伪行水印技术示意图

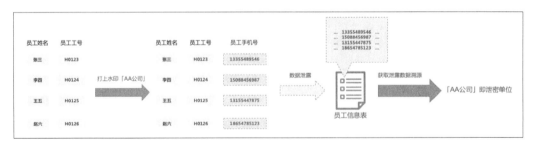

图 4-11　伪列水印技术示意图

场景六:溯源成功率要求高,数据可以被打乱重组

在有些情况下,因为环境较为复杂,管控力度相对较弱,为了给数据安全追加一道防护手段,在完成数据脱敏处理后,可另外挑选一些非敏感数据打上数字水印,以确保发生泄密事件时能够有途径进行追溯,此时会要求水印溯源的成功率要尽可能更高。同时由于无法保证获取的数据是分发出去的版本，数据可能已经遭到多次拼接、修改，那么就要求溯源技术能够通过较少的不完整的数据来还原水印信息。脱敏水印技术可仅通过一行数据就还原出完整的水印信息，适合此类需求（图4-12）。

图 4-12　仿真替换水印技术示意图

场景七：不修改原始数据业务含义，隐蔽性要求较高

针对不能变更数据业务含义的场景，通常需要保留各字段间的业务关联关系。由于数据在业务环境中的使用不能被影响，因此对水印插入的要求极为苛刻。LSB（Least Significant Bit），即最低有效位算法，又称最小有效位算法。使用该算法可通过在数据末位插入不可见字符如空格，或修改最小精度的数值数据（如将123.02改为123.01）等方法来实现最小限度地修改原始数据并插入数字水印标记（图4-13）。在数据使用过程中，若已做好一些格式修正设置（如去除字符串首末位空格，或数据精度可接受一定的误差），这种水印技术几乎可以做到不影响业务使用。同时由于修改位置比较隐蔽，难以被发现打了水印，一般常被用在 C 端业务中。

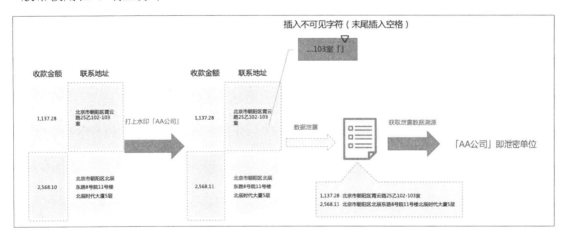

图 4-13　最小位修改水印技术示意图

除了应当能够应对不同场景的具体需求，数据脱敏系统还应当具备下列核心功能以满足快速发展的业务需要。

（1）自动化。考虑到需要脱敏的数据量通常为每天万亿字节规模甚至更多，为避免高峰期脱敏影响生产系统性能，脱敏工作往往在半夜执行。出于人性化考虑，脱敏任务需要能够自动执行。管理员只需事先编排好脱敏任务的执行时间,系统将在指定时间自动执行脱敏操作。

(2)支持增量脱敏。针对数据增长较频繁或单位时间增长量较大的系统,脱敏系统还应支持增量脱敏,否则每次全量执行脱敏任务,很有可能导致脱敏的速度跟不上数据增长的速度,最终导致系统无法使用或脱敏失败。

(3)支持引用关系同步。当原数据库表存在引用关系时(如索引),脱敏后应当保留该引用关系,确保表结构不被破坏,不然可能造成数据表在使用过程中异常报错。

(4)支持敏感数据发现及分组。当需要处理的数据量较为庞大时,不可能针对每个字段逐个配置脱敏策略,此时需要将数据字段根据类别分组,针对不同类别字段可批量配置脱敏策略,故脱敏系统能够发现识别的敏感数据字段种类及数量对系统使用体验极为关键。

(5)支持数据源类型。随着越来越多业务 SaaS 化,脱敏系统不仅需要适配传统关系型数据,也需要支持大数据组件如 HIVE、ODPS 等;同时,在数据分发的场景中,以文件形式导出的需求也逐渐增多,因此还需要脱敏系统支持常见的文件格式,如 csv、xls、xlsx 等,并支持 FTP、SFTP 等文件服务器作为数据源进行添加。

(6)数据安全性。数据脱敏系统为工具,目的是保护敏感数据,降低泄密风险,因此对其自身的系统漏洞、加密传输等安全特性亦有较高的要求。可将数据脱敏系统视作常规业务系统进行漏洞扫描发现,同时尽可能选择已通过安全检测的产品。另外,数据脱敏系统的架构应当满足业务数据不落地的设计要求,应避免在脱敏系统中存储业务数据。

可以通过部署专业的数据脱敏系统来满足日常工作中的脱敏需求。常见的数据脱敏系统能够用主流的关系型数据(Oracle、MySQL、SqlServer 等)、大数据组件(Hive、ODPS 等)、常用的非结构化文档(xls、csv、txt 等)作为数据来源,从其中读取数据并向目标数据源中写入脱敏后的数据;能够自定义脱敏任务并记录为模板,方便重复使用,同时能按需周期性执行脱敏任务,让脱敏任务能避开业务高峰自动执行。另外,为确保数据脱敏系统的工作效率,应当选择支持表级别并行运行的脱敏系统。相较于任务级别并行运行,表级别细粒度更小,脱敏效率提升效果更为明显。

一般的数据脱敏系统多为旁路部署,仅需确保数据脱敏系统与脱敏的源库及目标库网络可达即可(图4-14)。

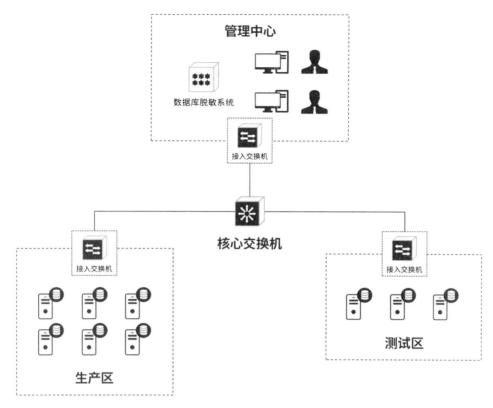

图 4-14　数据脱敏系统部署拓扑图

4.2.7　网络防泄露（P）

网络防泄露注重数据内容的安全，依据数据特点及用户泄密场景设置对应规范，保障数据资产的传输和存储安全，最终实现数据泄露防护。该系统采用深度内容识别技术，如自然语言、数字指纹、智能学习、图像识别等，通过统一的安全策略，对网络中流动的数据进行全方位、多层次的分析和保护，对各种违规行为执行监控、阻断等措施，防止企业核心数据以违反安全策略规定的方式流出而泄密，实现对核心数据的保护和管理。

1. 典型场景

（1）多网络协议的实时解析。支持 IPv4 和 IPv6 混合网络环境 SMTP、HTTP、HTTPS、FTP、IM 等主流协议下的流量捕捉还原和监控，支持非主流协议下的定制开发。

（2）应用内容实时审计。支持主流应用协议的识别，支持几十种基于 HTTP 的扩展协议的解析，包括但不限于以下邮箱应用传输内容监测，如表 4-1 所示。

表 4-1 邮箱应用传输内容监测

邮箱类型	应用场景
Tom 邮箱	邮件正文、普通附件
21CN 邮箱	邮件正文、普通附件
139邮箱	邮件正文、普通附件、超大附件、天翼云
189邮箱	邮件正文、普通附件
QQ 邮箱	邮件正文、群邮件、普通附件、超大附件
新浪邮箱	邮件正文、普通附件
搜狐邮箱	邮件正文、普通附件、网盘

应用内容实时审计还包括但不限于以下应用传输内容监测,如表4-2所示。

表 4-2 应用传输内容监测

客户端	功能
即时通信客户端	离线文件传输
	共享文件上传
	离线文件传输
	聊天内容和文件传输
网盘客户端	文件传输
	文件上传
	文件传输

2. 实现方式

(1) 基于多规则组合及机器学习的敏感数据的实时检测。

①关键字。

根据预先定义的敏感数据关键字,扫描待检测数据,通过是否被命中来判断是否属于敏感数据。

②正则表达式。

敏感数据往往具有一些特征,表现为一些特定字符及这些特定字符的组合,如身份证号、银行卡号等,它们可以用正则表达式来标记与识别特征,并根据是否符合这个特征来判断数据是否属于敏感数据。

③结构化、非结构化指纹。

支持办公文档、文本、XML、HTML、各类报表数据的非结构化指纹生成,支持对受保护的数据库关键表的结构化指纹生成,形成敏感数据指纹特征库。然后将已识别敏感数据的指纹(结构化指纹、非结构化指纹)与待检测数据指纹进行比对,确认待检测数据是否属于敏感数据。

④数据标识符。

身份证号、手机号、银行卡号、驾驶证号等数据标示符都是敏感数据的重要特征，这些数据标识符具有特定用处、特定格式、特定校验方式。系统支持多种类型的数据标识符模板，包括身份证号、银行卡号、驾驶证号、十进制IP地址、十六进制IP地址等。

（2）基于自然语言处理的机器学习和分类。

由于数据分类分级引擎以中文自然语言处理中的切词为基础，通过引入恰当的数学模型和机器学习系统，能够支持基于大数据识别特征，遵守机器学习自动生成的识别规则，实现基于内容识别的、且不依赖于数据自身的标签属性的、海量的、非结构化的、敏感数据发现。

3. 第三方安全产品防护

根据应用场景及要求不同，网络防泄露有串行阻断部署和旁路审计部署两种模式。

（1）串行阻断部署。串行阻断部署在物理连接上采用串联方式将系统接入企业网络，实现网络外发敏感内容的实时有效阻断。若流量超过系统处理能力，则需要在客户网络环境中添加分流器，对大流量进行分流，同时增加系统设备，对网络流量进行实时分析处理。图4-15所示为串行阻断部署示意图（不带分流设备）。

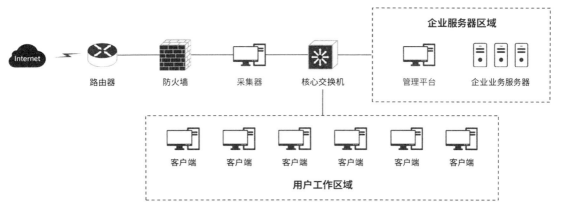

图4-15　串行阻断部署示意图（不带分流设备）

（2）旁路部署。旁路部署采用旁路方式将旁路设备接入企业网络，实现网络外发敏感内容的实时有效监测，但不改变现有用户网络的拓扑结构。若流量超过系统处理能力，则需要在用户网络环境中添加分流器，对大流量进行分流，同时增加系统设备，对网络流量进行实时分析处理，图4-16所示为旁路部署示意图（不带分流设备）。

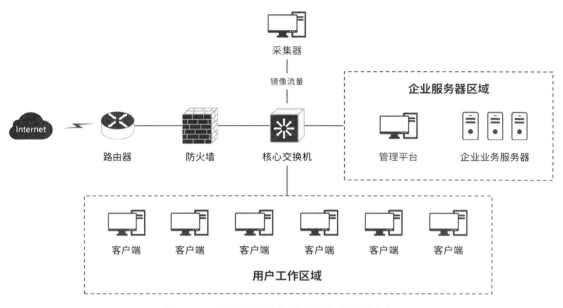

图 4-16　旁路部署示意图（不带分流设备）

4.2.8　终端防泄露（P）

随着信息技术的日益发展与国家数字化转型的逐步深入，信息系统已然成为业务工作的重要支撑，其中所使用的数据更是成为核心资产，终端系统成为企业重要数据、商业机密信息等的重要载体。通过桌面终端窃取商业机密、篡改重要数据、攻击应用系统等事件屡见不鲜。

终端防泄露的有效实施既需要考虑人性化的方面也需要关注技术的高效性。基于行为的保护方式，因其与内容无关，管控手段粗放，导致客户体验不佳，因此需要融合以内容安全为抓手，以事中监控为依托，以行为监控为补充的三位一体的终端数据防泄露体系。

1．典型场景

（1）终端状态监控。收集并上报终端信息，包括操作系统信息、应用软件信息和硬件信息；实时监控终端状态，包含进程启动情况、CPU 使用情况、网络流量、键盘使用情况、鼠标使用情况等，有效监控网络带宽的使用及系统运行状态。

（2）终端行为监控。监控并记录终端的用户行为，实现用户对移动存储介质和共享目录的文件/文件夹的新建、打开、保存、剪切、复制、拖动操作，打印操作，光盘刻录操作；支持 U 盘插入、拔出操作，CD/DVD 插入、弹出操作；支持 SD 卡插入、拔出操作的实时监测与审计。

（3）终端内容识别防泄露。通过采用文件内容识别技术（详见6.7节），实现终端侧对于文件的使用、传输和存储的有效监控，防止敏感数据通过终端的操作泄露，能够有效进行事中的管控，避免不必要的损失。

2. 实现方式

系统由管理端与 Agent 端组成。管理端主要实现策略管理、事件管理、行为管理、组织架构管理及权限管理等功能模块。Agent 端配合管理端实施策略下载、事件上传、心跳上传、行为上传、基础监控等功能项，以及权限对接、审批对接两项需要定制开发的功能模块。系统组成如图4-17所示。

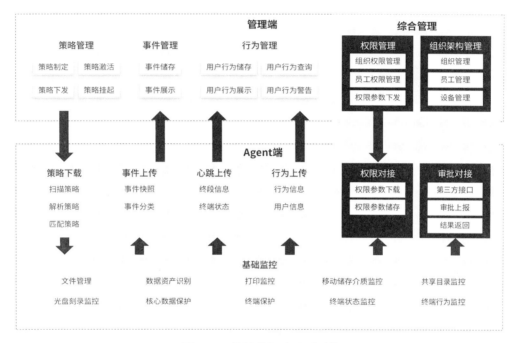

图 4-17 终端数据防泄露系统

管理端主要负责管理 Agent 端，其提供一个基于 Web 的集中式管理界面，用户通过该平台可以进行策略管理、事件管理、行为管理，以及权限管理和组织架构管理。例如，添加、修改、删除 Agent 端设备，控制相关设备的启停，管理、维护及下发监测策略和白名单，审计、统计、操作 H-DLP 上报的事件，管理系统账号、对访问系统的各类角色进行定义和权限分配。

Agent 端负责管理终端 PC 及虚拟云环境下的终端用户，负责监控人员的操作行为、设备的状态、人员正在使用中的数据，同时监测和拦截复制到移动存储设备、共享目录的保密数据，对网络打印机的打印内容和光盘刻录内容进行有效甄别，实现终端敏感数据和行为的有效监控。

3. 第三方安全产品防护

终端防泄露由管理服务端和客户端两部分组成，采用 C/S 的部署方式，并提供管理员 B/S 管理中心，在系统部署时主要分两部分进行。

在服务器区域中部署安装管理服务端程序与数据库服务器，管理员通过管理中心访问管理服务器，可实现策略定制下发、事件日志查看等功能。

客户端则以代理 Agent 的形式部署安装在用户工作区域各办公电脑当中，客户端负责实现终端的扫描检测、内容识别、外发监控、事件上报等功能。终端部署示意如图4-18所示。

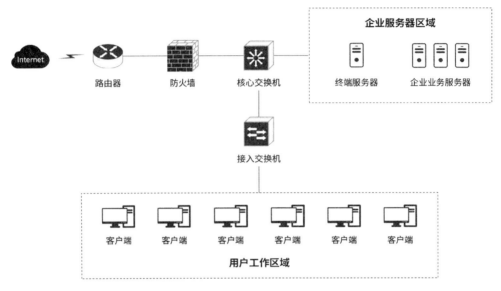

图 4-18　终端部署示意图

4.2.9　防御 SQL 注入和漏洞（P）

SQL 注入的主要原因是程序对用户输入数据的合法性没有进行正确的判断和处理，导致攻击者可以在程序中事先定义好的 SQL 语句中添加额外的 SQL 语句，在管理员不知情的情况下实现非法操作，以此来实现欺骗数据库服务器执行非授权的任意查询，从而进一步获取到数据信息，甚至删除用户数据。

针对 SQL 注入的主要原因，本节将介绍如何避免 SQL 注入和漏洞。

防范 SQL 注入需要做到两点：避免动态 SQL，避免用户输入参数包含 SQL 片段影响正常的业务逻辑。针对这两点，可采取以下几种具体实施方案：

①使用参数化语句；

②使用存储过程；

③对用户输入进行过滤；

④对用户输入进行转义。

（1）使用参数化语句。

参数化语句（Prepared Statements），即预编译语句，要求开发者预先定义好 SQL 语句的结构，指定输入参数，然后在查询时传入具体的数据。例如 Java 编程语言中使用 PreparedStatement 实现参数化语句：

参数化语句模板：

```
String query = "SELECT account_balance FROM user_data WHERE user_name = ? ";
PreparedStatement pstmt = connection.prepareStatement( query );
```

使用变量 userName 保存用户输入的用户名：

```
String userName = request.getParameter("userName");
```

将用户输入参数添加到 SQL 查询中：

```
pstmt.setString( 1, userName );
ResultSet results = pstmt.executeQuery( );
```

上述参数化语句中使用问号'?'作为占位符，指定输入参数的位置。参数化语句使得攻击者无法篡改 SQL 语句的查询结构。假设输入参数为"Alice' or '1'='1"，参数化语言将会在数据库中查询字面上完全匹配上述字符串的用户名，而不会对原本的查询逻辑产生影响。

（2）使用存储过程。

数据库存储过程允许开发者以参数化形式执行 SQL 语句。和参数化语句的区别在于，存储过程的 SQL 代码保存在数据库中，以接口形式被程序调用。例如 Java 编程语言中使用 CallableStatement 调用数据库存储过程：

```
// 使用变量 userName 保存用户输入的用户名
String userName = request.getParameter("userName");
try {
CallableStatement cs = connection.prepareCall("{call proc_getBalance(?)}");
cs.setString(1, userName );
ResultSet results = cs.executeQuery();
} catch (SQLException se) {
// … 处理异常
}
```

其中 proc_getBalance 为预定义的存储过程。

需要注意的是，存储过程并非绝对安全，因为某些情况下存储过程的定义阶段可能存在 SQL 注入的风险。如果存储过程的定义语句涉及用户输入，则必须采用其他机制（如字符过滤、转义）保证用户输入是安全的。

（3）对用户输入进行过滤。

过滤可以分成两类：白名单过滤和黑名单过滤。

白名单过滤旨在保证符合输入满足期望的类型、字符长度、数据大小、数字或字母范围及其他格式要求。最常用的方式是使用正则表达式来验证数据。例如验证用户密码，要求以字母开头，长度在6～18之间，只能包含字符、数字和下画线，满足条件的正则表达式为：'^[a-zA-Z]\w{5，17}$'。

黑名单过滤旨在拒绝已知的不良输入内容，例如在用户名或密码字段出现 SELECT、INSERT、UPDATE、DELETE、DROP 等 SQL 关键字都属于不良输入。

白名单和黑名单需要相互补充。一方面，当难以确定所有可能的输入情况时，白名单规则实现起来可能会较为复杂；另一方面，潜在的恶意输入内容往往很多，黑名单也难以穷尽所有可能，当黑名单很长时会影响执行效率，而且黑名单需要及时更新，增加了维护的难度。需要根据业务场景选择合适的过滤策略。

（4）对用户输入进行转义。

在把用户输入合并到 SQL 语句之前对其转义，也可以有效阻止一些 SQL 注入。转义方式对于不同类型的数据库管理系统可能会有所差异，每一种数据库都支持一到多种字符转义机制。例如，Oracle 数据库中单引号作为字符串数据结束的标识，如果它出现在用户输入参数中，并且以动态拼接的方式生成 SQL 语句，则可能会导致原本的 SQL 结构发生改变。因此可以用两个单引号来替换用户输入中的单个单引号，即在 Java 代码中使用。

```
userName= userName.replace( "'", "''" );
```

这样一来，即使用户输入"Alice' or '1'='1"转换成"Alice'' or ''1''=''1"，其中成对出现的引号也不会对 SQL 语句的其他部分造成影响。

通过第三方安全产品进行防护，主要从用户输入检查、SQL 语句分析、返回检查审核等方面进行。

（1）安装部署 Web 应用防火墙。Web 应用防火墙是部署在应用程序之前的一道防护，检测的范围主要是 Web 应用的输入点，用以分析用户在页面上的各类输入是否存在问题，可以检查用户的输入是否存在敏感词等安全风险，是防范 SQL 注入的第一道防线。

（2）安装部署数据库防火墙。数据库防火墙是部署在应用程序和数据库服务器之间的一道防护，主要检测的内容是由用户在前端表单中提交数据后与应用中的 SQL 模版拼接成的完成 SQL 语句，同时还可以检测任何针对数据库的 SQL 语句，包括 Web 应用的注入点，数据库本身的注入漏洞等。数据库防火墙的防护主要通过用户输入敏感词检测、SQL 执行返回内容检测、SQL 语句关联检测进行，是防范 SQL 注入的第二道防线。

（3）安装部署数据审计系统结合大数据分析平台。数据审计和大数据分析是部署在数据库服务器之后的一道防护，主要目的是审计和分析已经执行过的 SQL 语句是否存在注入风险。首先，数据审计系统会将所有与数据库的连接和相关 SQL 操作都完整地记录下来，如 Web 应用程序执行的 SQL 的查询、更新、删除等各类请求；然后，通过大数据分析平台，结合 AI 分析挖掘算法分析用户或应用系统单条 SQL 请求或一段时间内的所有 SQL 行为，发现疑似的 SQL 注入行为。是防范 SQL 注入的第三道防线。如图4-19展示了安装数据审计系统和大数据分析中心的建议部署图。

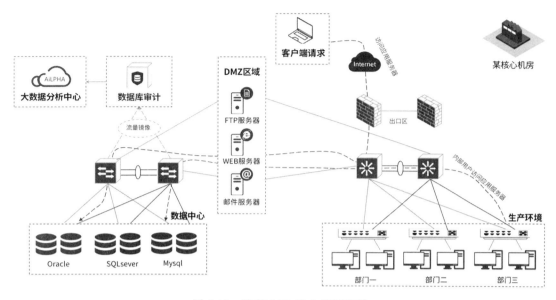

图 4-19 防范 SQL 注入部署建议

4.2.10 及时升级数据库漏洞或者虚拟补丁（P）

对于数据库系统来说，要想始终保持系统时刻运行在最佳状态，必要的补丁和更新是必不可少的。所有数据库均有一个软件的生命周期，以 Oracle 为例，技术支持主要分为标准支持（Primer Support）与扩展支持（Extend Support）。原则上一旦超过了图4-20所示的付费扩展支持（Paid Extended Support）时间，便不再提供任何支持。Oracle 与 MySQL 的生命周期如图4-20和图4-21所示。

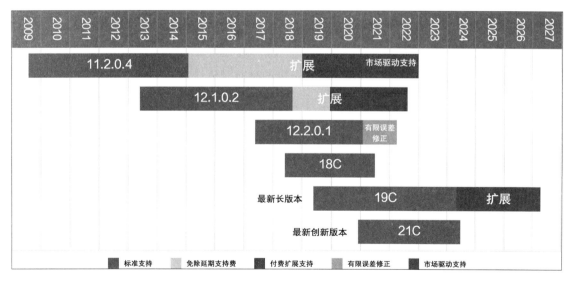

图 4-20 Oracle 各版本支持时间线

版本	发布时间	标准支持服务	MySQL 延伸支持服务	持续支持服务
MySQL Database 5.0	2005.10	2011.12	不可用	无限期
MySQL Database 5.1	2008.12	2013.12	不可用	无限期
MySQL Database 5.5	2010.12	2015.12	2018.12	无限期
MySQL Database 5.6	2013.02	2018.02	2021.02	无限期
MySQL Database 5.7	2015.10	2020.10	2023.10	无限期
MySQL Database 8.0	2018.04	2023.04	2026.04	无限期
MySQL Cluster 6	2007.08	2013.03	不可用	无限期
MySQL Cluster 7.0	2009.04	2014.04	不可用	无限期
MySQL Cluster 7.1	2010.04	2015.04	不可用	无限期
MySQL Cluster 7.2	2012.02	2017.02	2020.02	无限期
MySQL Cluster 7.3	2013.06	2017.06	2020.06	无限期
MySQL Cluster 7.4	2015.02	2020.02	2023.02	无限期
MySQL Cluster 7.5	2016.10	2021.10	2024.10	无限期
MySQL Cluster 7.6	2018.05	2023.05	2026.05	无限期
MySQL Cluster 8.0	2020.01	2025.01	2028.01	无限期

图 4-21 MySQL 各版本支持时间线

对于目前还在使用诸如 Oracle 11.2.0.4 及 MySQL5.6.x 等较早期版本的用户，建议尽快升级到最新版本。及时升级数据库不仅可以让用户避免一系列的数据安全威胁，更能体验到新版本的新特性。比如 MySQL 8.0 以后支持 hash join，提升了在大结果集下多表 join 的性能；另外也提供了一系列分析函数，提升了开发效率。Oracle 12c 以后的 flex ASM 与多租户功能极大节约了用户构建数据库的成本；提供了基于分区的分片（sharding）支持，扩展了海量数据下的数据检索能力。

通常，用户对于数据库补丁更新与大版本升级的主要顾虑在于：第一，可能需要停机，影响业务正常运行；第二，升级中存在一定风险，可能导致升级失败或宕机；第三，跨度较大的升级往往会导致 SQL 执行计划异常，进而导致性能下降；第四，新版本往往对现有组件不支持，如 MySQL 升级到 8.0.22 之后，由于 redo 格式发生变化，导致当时的 xtrabackup 无法进行物理备份。

为了解决以上问题，数据库也提供了相应的措施进行保障，如 Oracle 11.2.0.4 以后大多数 psu 可以在线升级，或者可以借助于 rac、dataguard 进行滚动升级。而 MySQL 因为没有补丁的概念，需要直接升级 basedir 到指定版本，该升级同样可利用 MySQL 的主/从复制进行滚动升级，即：先对从数据库升级并进行验证；即便升级中遇到问题，也不会对主数据库造成影响。Oracle 提供了性能优化分析器（SQL Performance Analyzer，简称 SPA）功能，可以直接 dump share pool 中正在执行的 SQL，导入目标版本的数据库实例中进行针对性优化，基于代价的优化方式（Cost-Based Optimization，简称 CBO）会基于版本特性自动适配当前版本中的新特性，自动对 SQL 进行调整优化，同时给出性能对比；当业务迁移完成后会自动适配优化后的 SQL 及执行计划，极大地降低了开发人员及数据库管理员的工作量。

相比之下 MySQL 就无法提供此类功能了，建议在测试环境中妥善测试后再进行升级。对于 MySQL 8.0 之前的版本，应升级到 MySQL 8.0 以上。老版本 MySQL 不提供严格的 SQL 语法校验，特别是对于 MySQL 5.6 之前的版本，sql_mode 默认为非严格，可能存在大量的脏数据、不规范 SQL 和使用关键字命名的对象，将导致升级后此类对象失效或 SQL 无法使用的情况，因此升级之前一定要做好 SQL 审核及对象命名规范审核。

此外还可借助于第三方数据库网关类的产品。此类产品大多都具备虚拟补丁的能力。虚拟补丁是指安全厂商在分析了数据库安全漏洞及针对该安全漏洞的攻击行为后提取相关特征形成攻击指纹，对于所有访问数据库的会话和 SQL，如果具备该指纹就进行拦截或告警。

以下用两个影响较大的安全漏洞来阐述数据库防火墙虚拟补丁的实现思路及应用。

（1）Oracle 利用 with as 字句方式提权。涉及版本 Oracle 11.2.0.x~12.1.0.x，该漏洞借助 with as 语句的特性，可以让用户绕开权控体系，对只拥有 select 权限的表可以进行 dml 操作。

解决该安全漏洞的最有效手段是打上相关的 CPU 或 PSU，需要购买 Oracle 服务后通过 MOS 账号下载相应的补丁。升级数据库补丁也存在一定风险，因此很多企业不愿冒险升级。而通过数据库网关就可以有效地阻止该安全漏洞，在针对该漏洞的虚拟补丁没有出来之前，可在数据库网关上配置相应访问控制策略，仅允许 foo 用户查询 bar.tab_bar，其他一律拒绝。由于网关的访问控制规则是与数据库自身的权控体系剥离的，同时网关自身具备语法解析的能力，也不依赖数据库的优化器生成访问对象，因此无法被 with as 子句绕开，在数据库没有相关补丁的情况下就可以很好地解决该问题。而在用户充分利用数据库网关配置细粒度访问控制的情况下，该问题甚至根本不会出现。

（2）sha256_password 认证长密码拒绝式攻击，参见图4-22~图4-24。该漏洞源于 MySQL sha256_password 认证插件，该插件没有对认证密码的长度进行限制，而直接传给 my_crypt_genhash() 用 SHA256 对密码加密求哈希值。该计算过程需要大量的 CPU 计算，如果传递一个很长的密码，则会导致 CPU 耗尽。

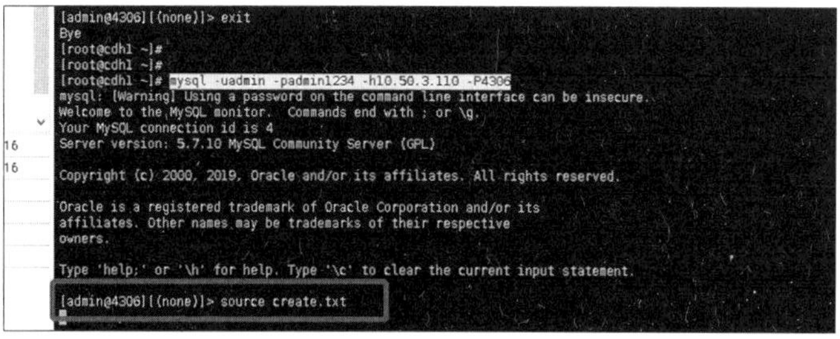

图 4-22 root 用户本地验证，用户创建中

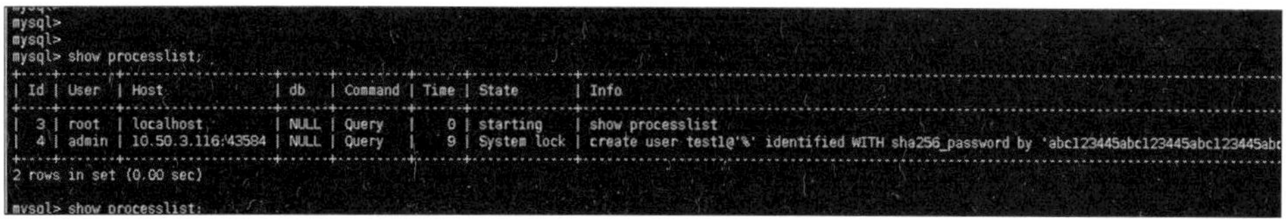

图 4-23 远程通过其他用户访问数据库无响应

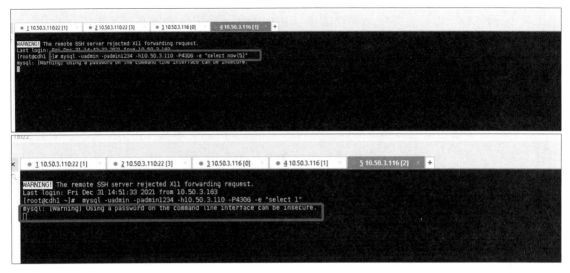

图 4-24　会话

通过数据库网关阻止该攻击的办法也很简单，只要针对 create user、alter user 等操作限制 SQL 长度即可；也可以直接启用相关漏洞的虚拟补丁。

通过上述两个案例我们可以发现，对于数据库的各种攻击或越权访问，我们只要分析其行为特征，然后在数据库网关上配置规则，对符合相应特征的数据访问行为进行限制，就可以实现数据库补丁的功能。同时，还可借助第三方组件将数据库的授权从数据库原有的权控体系中剥离出来。

使用数据库安全网关，通过对访问流量安全分析，给数据库打上"虚拟补丁"。通过对攻击者对数据库漏洞利用行为的检测，并结合产品的安全规则，实现数据库的防护（图4-25）。

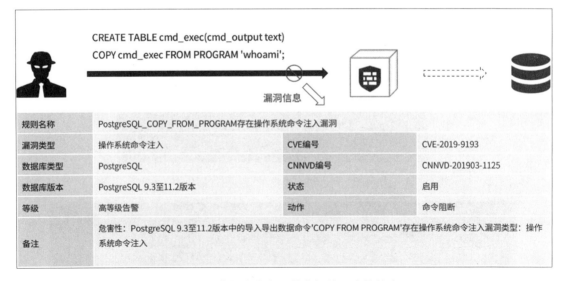

图 4-25　数据库安全网关虚拟补丁防护能力

4.2.11　基于 API 共享的数据权限控制（P）

API 安全风险主要体现在其所面临的外部威胁和内部脆弱性之间的矛盾。除了要求接口开发人员遵循安全流程来执行功能开发以减轻内部脆弱性问题，还应该通过收缩 API 的暴露面来降低外部威胁带来的安全隐患。

在收缩 API 风险暴露面的同时，也需要考虑到 API "开放共享" 的基础属性。在支撑业务良好开展的前提下，统一为 API 提供访问身份认证、权限控制、访问监控、数据脱敏、流量管控、流量加密等机制，阻止大部分的潜在攻击流量，使其无法到达真正的 API 服务侧，并对 API 访问进行全程监控，保障 API 的安全调用及访问可视（图4-26）。

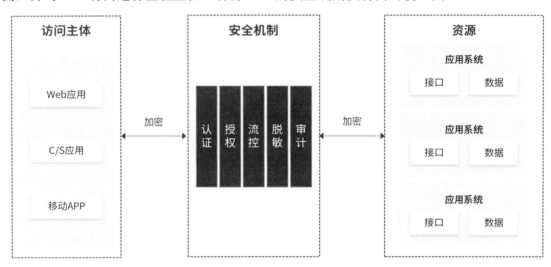

图 4-26　API 数据共享安全机制

（1）身份认证机制。

身份认证机制为 API 服务提供统一叠加的安全认证能力。API 服务开发者无须关注接口认证问题，只需兼容现有 API 服务的认证机制，对外部应用系统提供统一的认证方式，实现应用接入标准的统一。

（2）授权。

通过部署 API 安全网关，实现 API 访问权限的统一管理和鉴别能力。在完成 API 资产的发现、梳理、注册后，安全团队可启用 API 访问权限管控策略，为不同的访问主体指定允许访问的 API 接口。API 安全网关在接收到访问请求后，将先与统一控制台联动，确认调用方（用户、应用）的访问权限，然后仅将符合鉴权结果的访问请求转发到真实的 API 服务处，从而拦截所有未授权访问，防止越权风险。在统一控制台的权限策略发生变化时，API 安全网关实时做出调整，切断权限外的会话连接。

（3）审计。

确保所有的操作都被记录，以便溯源和稽核。应具备对 API 返回数据中包含的敏感信息进行监控的能力，为调用方发起的所有访问请求形成日志记录，记录包括但不限于调用方（用户、应用）身份、IP 地址、访问接口、时间、返回字段等信息。对 API 返回数据中的字段名、字段值进行自动分析，从而发现字段中包含的潜在敏感信息并标记，帮助安全团队掌握潜在敏感接口分布情况。

（4）流量管控。

为了防止用户请求淹没 API，需要对 API 访问请求实施流量管控。根据预设阈值，对单位时间内的 API 请求总数、访问者 API 连接数，以及 API 访问请求内容大小、访问时段等进行检查，进而拒绝或延迟转发超出阈值的请求。当瞬时 API 访问请求超出阈值时不会导致服务出现大面积错误，使服务的负载能力控制在理想范围内，保障服务稳定。

（5）加密。

确保出入 API 的数据都是私密的，为所有 API 访问提供业务流量加密能力。无论 API 服务本身是否支持安全的传输机制，都可以通过 API 安全网关实现 API 请求的安全传输，从而有效抵御通信通道上可能会存在的窃取、劫持、篡改等风险，保障通道安全。

（6）脱敏。

通过脱敏保证即使发生数据暴露，也不会造成隐私信息泄露。统一的接口数据脱敏，基于自动发现确认潜在敏感字段，安全团队核实敏感字段类型并下发脱敏假名、遮盖等不同的脱敏策略，满足不同场景下的脱敏需求，防止敏感数据泄露导致的数据安全风险。

使用第三方安全产品进行防护，是通过部署 API 接口安全管控系统为面向公众的受控 API 服务统一提供身份认证、权限控制、访问审计、监控溯源等安全能力，降低安全风险，在现有 API 无改造的情况下，建立安全机制。一是健全账号认证机制和授权机制，二是实时监控 API 账号登录异常情况，三是执行敏感数据保护策略，四是通过收窄接口暴露面建立接口防爬虫防泄露保护机制。一方面可以确保数据调用方为真实用户而非网络爬虫，另一方面可以保证用户访问记录可追溯。

登录异常行为监控：帮助企业建立 API 异常登录实时监控机制，监测异常访问情况，可对接口返回超时、错误超限等进行分析，发现异常情况及时预警。

敏感数据保护策略：帮助企业对开放 API 涉及的敏感数据进行梳理，在分类分级后按照相应策略进行脱敏展示，所有敏感数据脱敏均在后端完成，杜绝前端脱敏。此外，敏感数据通过加密通道进行传输，防止传输过程中的数据泄露（图4-27）。

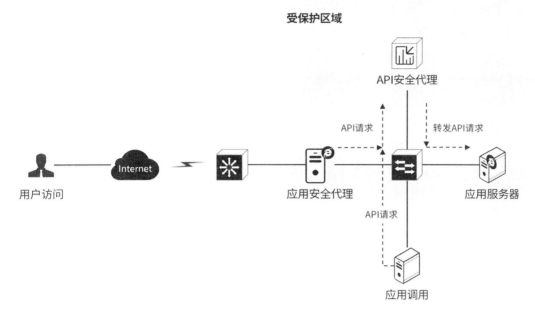

图 4-27　API 接口安全管控系统部署示意图

4.2.12　数据备份（P）

一名合格的数据库管理员的主要职责之一就是，当遇到硬件或软件的灾难性故障时，能够在用户可接受的时间范围内及时恢复数据，同时保证已提交的数据不丢失。数据库管理员应该评估自身的准备工作是否到位，是否能够应对未来可能发生的上述灾难性故障。具体包括：数据库管理员对成功备份组织业务所依赖的数据，同时在允许的时间窗口内从这些备份中恢复数据有多大信心？是否能满足既定灾难恢复计划中指定的服务水平协议（Service Level Agreement，简称 SLA）或恢复时间目标？数据库管理员是否已采取措施制订和测试备份恢复计划，以保护数据库可以从多种类型的故障中恢复？

为了达成上述目标，我们提供一个如下的检查清单供读者参考。

（1）是否有一个综合的备份计划。
（2）执行有效的备份管理。
（3）定期做恢复演练。
（4）与各个业务线负责人讨论，定制一套可接受的 SLA。
（5）起草编写一份《灾难恢复应急预案》。
（6）时刻保持知识更新，掌握最新的数据备份恢复技术。

1. 有效的备份计划

一份有效的备份计划，除了数据库系统本身的备份，还应关心数据库部署的操作系统、调用数据库的应用及中间件。

需要一并纳入备份计划的有以下内容。

（1）完整的操作系统备份。该备份主要用于数据库所部属主机故障或崩溃时的快速恢复。操作系统核心配置文件如系统路由表用户文件、系统参数配置等，在变更时都需要做好备份，用于异常时的回退。

（2）数据库软件。在任何 CPU、PSU 升级前都应当对数据库软件本身做好备份。

（3）数据库适配的相关软件、中间件。例如 Oracle E-Business Suite、Oracle Application Server and Oracle Enterprise Manager（OEM）等。

（4）密码。所有特权账号、业务账号的密码都应当单独备份一份，备份可以通过在数据库中单独维护一个用户表，或者借助其他密码管理工具来实现。

选择一种适合业务系统的备份类型或方式，根据不同的业务场景或需求选择做逻辑备份或物理备份。

对于海量数据，在 Oracle 下可以选择开启多通道并行备份，同时开启块追踪（block trace）来加速增量备份。可以通过 MySQL 5.7以后的新特性 mysqlpump 来实现多线程并行逻辑备份或使用 xtrabackup 实现并行备份（--parallel）。常见的大数据平台如 Hadoop 分布式文件系统由于实际生产环境中基本都有三份以上的冗余，因此通常情况下不需要对数据进行备份，而是备份 namenode 下的 fsimage、editlog 等。

制订一个合理的备份计划。备份的时间应当以不影响业务运行为首要原则，根据自身情况如数据量、数据每日增量、存储介质等制订备份计划。备份计划的核心目的是尽可能减少平均修复时间（Mean Time To Repair，简称 MTTR），增量备份根据自身情况选择差异增量（differential）还是累积增量（incremental）。

选择合适的备份存储介质。如果用户本身的数据库为 Oracle rac 11.2.0.1以上版本，建议直接将备份存储在 ASM 中。对于有条件的用户，建议在磁盘备份的基础之上再对备份多增加一份复制，冗余备份可存储在磁带或 NAS 上。

制定合理的备份保留策略，根据业务需求，备份一般保留7天至30天。

2．有效的备份管理

在制订了一套有效的执行计划之后，数据库管理员应当妥善管理这些备份，此时需要关注以下几点。

（1）自动备份。通过 crontab 或 Windows 计划任务自动执行备份，备份脚本中应当有完整的备份过程日志，有条件的用户建议用 TSM、NBU 等备份管理软件来管理备份集。

（2）监控备份过程。在备份脚本中添加监控，如备份失败可通过邮件、短信等方式进行告警。同时，做好备份介质的可用存储空间监控。

（3）管理备份日志。管理好备份过程日志，用于备份失败时的异常分析，对于 Oracle 数据库可以借助 rman 及内置相关数据字典来监控、维护备份，多实例的情况下可以搭建 catalog server 来统一管理所有备份。对于像 MySQL 等开源数据库，可在一个指定实例中创建备份维护表来模拟 catalog server，实现对备份情况的管理与追踪。

（4）过期备份处理。根据备份保留策略处理过期备份，Oracle 可通过 rman 的"delete

obsolete"自动删除过期备份集；而对于 MySQL，需要数据库管理员具备一定的 shell 脚本或 Python 开发能力，根据备份计划和保留策略，基于全备和增量的时间删除过期备份。

3．备份恢复测试

对于数据库系统来说，可能发生很多意外，但唯一不能发生的就是备份无法使用。保障数据备份的有效性、备份介质的可靠性、备份策略的有效性，以及确认随着数据量的增长、业务复杂度的上升，现在的备份能否满足既定的 SLA，都需要定期做备份恢复测试。

恢复测试基于不同的目的，可以在不同的环境下进行。如本地恢复、异地恢复，全量恢复，或者恢复到某一指定的时间点。

4．定制一份 SLA

数据库管理团队应当起草一份备份和恢复的 SLA，其中包含备份内容、备份过程及恢复的时间线，与业务部门商讨敲定后让组织的管理层签字确认。SLA 并不能直接提升恢复能力，而是设定业务（或管理层）对于恢复时间窗口的期望。数据库管理团队在这一期望值下尽可能朝着该值去努力，在发生故障时将损失降到最低。

5．灾难恢复计划

根据自身情况及相关政策要求，制定异地灾备方案。有条件的用户可选两地三中心的灾备方案，在遇到一些突发或人力不可抗的意外情况后，能够及时恢复业务系统，保证生产稼动率。

6．掌握最新的数据备份恢复技术

作为一名合格的数据库管理员，必须时刻保持学习状态，与时俱进，实时掌握所运维数据库新版本的动态、对于备份恢复方面有哪些提升或改进、采用了什么新技术。在遇到问题恢复时，根本没时间现场调研有哪些新技术可以帮助你进行数据恢复。特别是对于使用非原生备份软件的企业，在数据进行大的升级前一定要了解升级后所用的备份软件是否存在兼容性问题。如 Oracle 21c 在刚推出之时，市面上主流的备份软件通过 sys 用户连接均存在问题，进而导致有一段时间备份只能通过维护 rman 脚本的方式来实现。

7．第三方安全产品防护

为防止系统出现操作失误或系统故障导致数据丢失，通过数据备份系统将全部或部分数据借助异地灾备机制同步到备份系统中（图4-28）。

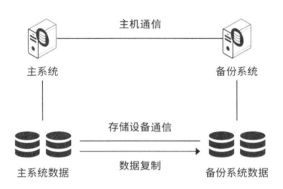

图 4-28 数据备份网络拓扑图

4.2.13 全量访问审计与行为分析（E）

监控整个组织中的数据访问是追查取证的重要手段，实时感知数据的操作行为很有必要。无法监视数据操作的合规性异常，无法收集数据活动的审计详细信息，将导致在数据泄露后无法进行溯源分析，这在许多层面上都构成了严重的组织风险。异常的数据治理行为（例如非法执行数据查询脚本）会导致隐私泄露。如果没有分析审计手段，当异常行为发生时系统不能及时告警，那么异常行为发生后也无法追查取证。

发生重大敏感数据泄露事件后，必须要进行全面的事件还原和严肃的追责处理。但往往由于数据访问者较多，泄密途径不确定，导致定责模糊、取证困难，最后追溯行动不了了之。数据泄露溯源能力的缺乏极可能导致二次泄露事件的发生。

数据安全审计通过对双向数据包的解析、识别及还原，不仅对数据操作请求进行实时审计，而且还可对数据库系统返回结果进行完整的还原和审计，包括 SQL 报文、数据命令执行时长、执行的结果集、客户端工具信息、客户端 IP 地址、服务端端口、数据库账号、客户端 IP 地址、执行状态、数据类型、报文长度等内容。数据安全审计将访问数据库报文中的信息格式化解析出来，针对不同的数据库需要使用不同的方式进行解析，包括大数据组件、国产数据库及关系型数据库等，满足合规要求，解决数据安全需求的"5W1H"问题（见表4-3）。

表 4-3 数据安全需求分析表

数据安全需求	描 述	举 例
Who（谁干的）	用户名、源 IP 地址	Little wang
Where（在什么地方）	客户端 IP+Mac、应用客户端 IP 地址	201.125.21.122
When（什么时间）	发生时间、耗时时长	2017/10/12 23:21:02
What（干了些什么）	操作对象是谁、操作是什么	Update salary
How（怎么干的）	SQL 语句、参数	Update salary set account ='100000' emloyee_name ='张三'
What（结果怎么样）	是否成功、影响行数、性能情况	Success，999行，耗时 1ms

通过分析数据高危操作，如删表、删库、建表、更新、加密等行为，并通过用户活动行为提取用户行为特征，如登录、退出等，在这些特征的基础上，构建登录检测动态基准线、遍历行为动态基准线、数据操作行为动态基准线等。

利用这些动态基准线，可实现对撞库、遍历数据表、加密数据表字段、异常建表、异常删表及潜伏性恶意行为等多种异常行为的分析和检测，将这些行为基于用户和实体关联，最终发现攻击者和受影响的数据库，并提供数据操作类型、行数、高危动作详情等溯源和取证信息，辅助企业及时发现问题，阻断攻击。

通过部署第三方安全产品，如数据库审计系统（图4-29），可提供以下数据安全防护能力。

（1）基于对数据库传输协议的深度解析，提供对全量数据库访问行为的实时审计能力，让数据库的访问行为可见、可查、可溯源。

（2）有效识别数据库访问行为中的可疑行为、恶意攻击行为、违规访问行为等，并实时触发告警，及时通知数据安全管理人员调整数据访问权限，进而达到安全保护的目的。

（3）监控每个数据库系统回应请求的响应时间，直观地查看每个数据库系统的整体运行情况，为数据库系统的性能调整优化提供有效的数据支撑。

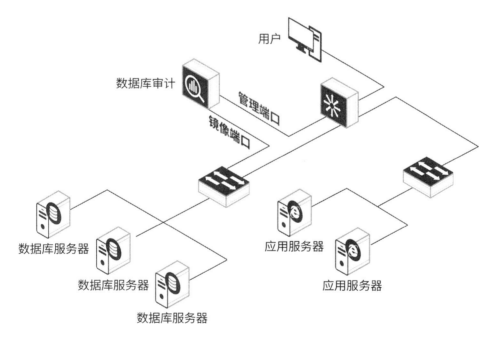

图4-29　全量访问审计部署拓扑

4.2.14　构建敏感数据溯源能力（E）

敏感数据溯源对数据生命周期过程中敏感数据的采集、查询、修改、删除、共享等相关操作进行跟踪，通过留存敏感数据流动记录等方式，确保敏感数据相关操作行为可追溯。

敏感数据溯源与数据水印的主要区别在于，敏感数据溯源不会改变数据的完整性，因此，对于数据质量没有影响，能够适应更多需要溯源的业务场景。

敏感数据溯源实践场景举例如下。

场景一

某金融机构对高净值客户的个人敏感信息数据进行了高级别的访问防护。此类特殊客户的个人身份及财产信息一经被访问，就产生了访问记录，并且，设定访问频率、单次获取数据量的报警阈值。管理员可将重点客户的身份证号、姓名等信息作为输入，溯源到相关数据被访问的时间点、访问的应用、IP地址等信息。

要实现场景一，需要对数据访问的双向流量进行解析，针对敏感数据的请求、返回值要能做记录。一个能快速部署，并且能较好实现场景一需求的系统组成和部署方式如图4-30所示。

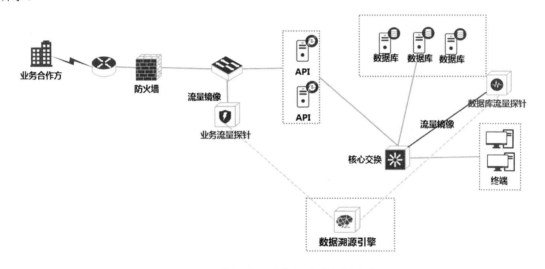

图 4-30　数据溯源系统组成和部署方式

系统主要部件由业务流量探针、数据库流量探针、数据溯源引擎组成。

业务流量探针解析API内容包括：API地址（ID）、访问源、行为、参数（数据）、返回（数据）、实体（IT资产）。

数据库流量探针解析数据库访问内容包括：访问源、行为（SQL）、参数（数据）、对象、返回（数据）、实体（IT资产）。

数据溯源引擎：以数据为核心，通过参数（具备唯一性的数据）、行为、时间等，建立访问源、对象、实体（IT资产）之间的关联关系；将敏感数据的流向及以数据为中心建立的关联关系进行可视化展现。

溯源效果如图4-31所示。

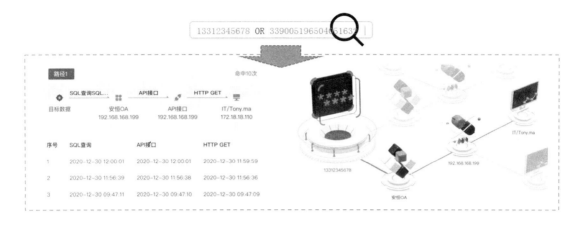

图 4-31　场景一的溯源效果示意图

客户能清楚地看到数据流向，如数据在什么时间，通过什么方式流经哪些节点，以及其他详细信息。建立敏感数据的访问路径，客户能快速通过不同路径去排查数据泄露风险及取证。同时，通过对敏感数据路径的日常监控，能够更早地发现敏感数据访问异常，与其他监控和防护手段相结合，实现对敏感数据的长效监控。

场景二

企业发现自己内部的最新商业机密文件被竞争对手窃取。在部署过数据防泄露产品的情况下，该文件的所有传播节点都有记录。管理员可上传泄露的机密文件，进行溯源查询，得到该文件传播的路径、时间点，以及涉及的终端设备。

要实现场景二，需要在网络出口处部署网络防泄露产品，审计在网络上流经的各种文件，并且在终端部署防泄露产品，审计终端上的各种文件操作和流转情况。数据溯源引擎将网络上和终端上的审计记录与上传的机密文件进行关联，然后将机密文件的流向进行可视化展现。溯源效果如图4-32所示。

图 4-32　场景二的溯源效果示意图

4.3 建设中：数据安全平台统一管理数据安全能力

当前，各类用户通过在不同的数据安全场景部署各种有针对性的安全产品解决相应场景的数据安全问题。例如：在测试开发场景通过部署静态数据脱敏（也称静态脱敏）解决数据共享造成的隐私泄露问题；在运维环境部署数据安全运维类系统解决运维过程中的风险操作、误操作等问题；在业务侧通过部署数据库防火墙解决对外的数据库漏洞攻击、SQL注入问题等。在不同的数据使用场景中，数据安全产品各自为战，往往容易造成安全孤岛。因此，急需一套整合不同使用场景的数据安全防护、集中呈现数据安全态势、提供统一数据安全运营和监管能力的数据安全集中管理平台，实现各类安全数据的集中采集，可视化地集中呈现资产详情、风险分布、安全态势等，便于进行不同安全设备的集中管理、安全策略的动态调整、下发，以及实现日志、风险、事件的统一运营管理、集中分析。

4.3.1 平台化是大趋势

在 Gartner 公司发布的《2022 Strategic Roadmap for Data Security》中将数据安全平台（Data Security Platforms，简称 DSP）定义为以数据安全为中心的产品和服务，旨在跨数据类型、存储孤岛和生态系统集成数据的独特保护需求。DSP 涵盖了各种场景下的数据安全保护需求。DSP 是以数据安全为核心的保护方案，以数据发现和数据分类分级为基础，混合了多种技术来实现数据安全防护。例如：数据访问控制，数据脱敏，文件加密等。成熟的 DSP 也可能包含数据活动监控和数据风险评估的功能。

数据安全市场目前的特点是各业务厂商将其现有的产品功能集成到 DSP 中。常见的数据安全能力包括：数据发现、数据脱敏、数据标识、数据分类分级、云上数据活动监控、数据加密等。以前孤立的安全防护产品在一个共同的平台工具中结合起来，使 DSP 成为数据安全建设的关键节点。

图 4-33 展示了自 2009 年以来数据安全能力的演变，深色区域内的这些安全能力是目前一些 DSP 所具备的，与此同时，DSP 也在不断发展，缩小安全能力差距并精细化数据安全策略。其中 DAM 代表数据活动监控、DbSec 代表数据安全、DAG 代表数据访问治理、DLP 代表数据泄露防护、Data Masking 代表数据脱敏、Tokenization 代表标识化、Data Discovery 代表数据发现、Data Risk Analytics 代表数据风险分析。

DSP 是从运营的角度进行产品化，以产品即服务的形式存在。DSP 从最开始的数据活动监控演变为目前的数据安全生态体系，未来 DSP 要集成的安全能力会更多。通过安全平台+单个安全能力单元做联动联防管理，能够集成更多的数据安全能力，从而实现数据安全持续运营的目标。

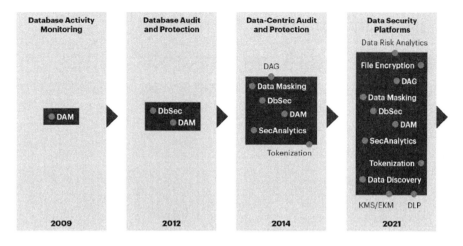

图 4-33　数据安全能力的演变

Gartner 对 DSP 未来状态有更详细的描绘。DSP 处于中心位置，"DSP 数据安全平台"部分概述了这些安全技术的范围、它们在数据安全治理方面发挥的作用，以及所使用的最佳实践（图4-34）。未来的数据安全建设必然是从孤立的数据安全产品过渡到数据安全平台，促进数据的业务利用率和价值，从而实现更简单、端到端的数据安全。DSP 产品能够实现这种功能整合。

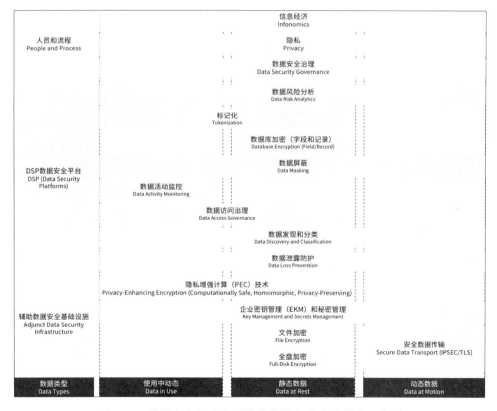

图 4-34　数据安全平台占据整体数据安全建设的中心位置

4.3.2 数据安全平台典型架构

典型的数据安全管理平台的整体系统架构如图4-35所示。

图 4-35 数据安全管理平台的整体系统架构

针对数据采集、传输、存储、处理、交换和销毁等环节，数据安全管理平台通过数据采集接口对各安全组件数据进行统一汇总、去重清洗、集中统计展示，同时利用 UEBA 学习、行为分析、数据建模、关联分析等方法对网络环境中的数据资产和数据使用情况进行统一分析，并对数据风险操作、攻击行为、安全事件、异常行为和未知威胁进行发现和实时告警，提供对采集到的审计日志、风险日志、事件日志信息数据的关联分析、安全态势的可视化展现等，实现数据可见、风险可感、事件可控和数据的集体智治。

数据安全管理平台将贯穿数据安全管理中的数据采集、应用防护、数据分发、运维管控、运营处置、合规检查等各场景，实现策略统一下发、态势集中展示、事件集中处理，为客户持续创造价值。

1. 数据可见

数据安全管理平台帮助用户实现对数据的统一管理。通过数据地图呈现能力，方便探索数据安全问题根源，增强用户业务洞察力；可以非常直观地查看数据资产分布、敏感表、敏感字段数量统计、涉敏访问源、访问量等，监控不同区域、业务的数据访问流向和访问热度，清楚洞察数据的静态分布和动态的访问情况。数据可见支持集中统一展示如下信息。

（1）数据资产分布。

梳理数据资产分布详情，并形成数据资产目录，详细展示数据资产服务器分布情况、对应网段、IP 地址、数据类型、服务端口等内容，并做统一集中呈现。

（2）敏感数据分布。

梳理现网环境各业务系统后台数据库中存在的敏感表、敏感字段，统计敏感表、敏感字段数量、总量，标记数据的业务属性信息和数据部门归属等特性并展示详情。

（3）分类分级结果展示。

支持表列分布，分类结果、安全级别及分布等情况详情展示，方便数据拥有者了解敏感数据资产的分布情况。分类分级结果可与平台数据防护能力进行对接，一键生成敏感数据的细粒度访问控制规则、数据脱敏规则等，从而实现对数据全流程管理。

（4）数据访问流向记录。

记录数据动态访问详情，统计业务数据访问源，包含访问用户、IP地址、网段等，从源头上追踪、分析数据访问流向情况，方便溯源管理。

（5）数据访问热度展示。

提供数据访问热度分析能力，洞察访问流量较大、敏感级别较高的业务系统并实施重点监控、防护。结合静态数据资产梳理和动态数据访问热度统计，找出网络环境中的静默资产、废弃资产等，协助资产管理部门合理利用现有网络资源。

2．风险可感

数据安全管理平台以数据源为起点，提供统一的数据标准、接口标准，从数据运行环境开始，关注数据生产、应用、共享开放、感知与管理等多个区域不同维度的安全风险，从数据面临的漏洞攻击、SQL注入、批量导出、批量篡改、未脱敏共享使用、API安全、访问身份未知等多角度审视数据资产的整体安全防护状态，打破信息孤岛，形成完整的风险感知、风险处置闭环。同时，平台提供基于用户视角的、对潜在威胁行为进行有效分析和呈现的能力，对于网络中活跃的各类用户及其行为进行精准监控与分析，结合UEBA技术，通过多种统计及机器学习算法建立用户行为模式，当数据攻击行为与合法用户出现不同时进行判定并预警。

3．事件可控

数据安全管理平台支持对发现的数据安全事件进行统一呈现和处置能力，包括安全事件采集、安全事件通报、安全事件处置。通过多维度智能分析对已发现的安全事件进行溯源，追踪风险事件的风险源、发生时间和事件发生的整个过程，为采取有效的事件处置、后续改进防范措施提供科学决策依据。

平台根据安全基线和风险模型实时监控全资产运行和使用情况，并支持多种即时告警措施。当触发安全事件时，平台第一时间提供事件告警并告知事件危害程度，辅助安全管理人员、数据管理人员及时对异常事件信息做出反馈与决策。当事件影响级别较高需要及时处置时，安全管理人员通过工单形式向安全运维人员通报安全事件并下发事件处置要求。安全运维人员通过平台事件详情链接确认事件溯源详情及影响，进行处置后返回事件处置状态信息。

4．整体智治

智能化数据安全治理平台工具。数据安全管理平台引入智能梳理工具，通过自动化扫描敏感数据的存储分布，定位数据资产。同时，关注数据的处理和流转，及时了解敏感数据的流向，时刻全局监测组织内数据的使用和面向组织外部的数据共享；通过机器UEBA学习技术，对数据访问行为进行画像，从数据行为中捕捉细微之处，找到潜藏在表象之下异常数据操作行为。

渗透于数据生命周期全过程域的安全能力。平台融合数据分类分级、数据标识、关联分析、机器学习、数据加密、数据脱敏、数据访问控制、零信任体系、API安全等技术的综合性数据智能安全管理平台，提供整体数据安全解决方案。平台监控数据在各个生命阶段的安全问题，全维度防止系统层面、数据层面攻击或者疏忽导致的数据泄露，为各类数据提供安全防护能力，并根据业务体系，持续应用到不同的安全场景之中。

4.4 建设后：持续的数据安全策略运营及员工培训

4.4.1 数据安全运营与培训内容

1. 数据安全运营

数据安全运营是将技术、人员、流程进行有机结合的系统性工程，是保证数据安全治理体系有效运行的重要环节。数据安全运营遵循"运营流程化、流程标准化、标准数字化、响应智能化"的思想进行构建，数据安全运营的需要实现流程落实到人，责任到人，流程可追溯，结果可验证等能力。同时，数据安全运营需要贯穿安全监测、安全分析、事件处置、安全运维流程，全面覆盖安全运营工作，满足不同类型、不同等级安全事件的监测、分析、响应、处置流程全域可知和可控。数据安全运营主要包含数据安全资源运营、数据安全策略运营、数据安全风险运营、数据安全事件运营和数据安全应急响应几个部分（图4-36）。

数据资源安全运营	数据安全策略运营	数据安全风险运营	数据安全事件运营	数据安全应急响应
数据分布地图	安全合规运营	风险持续鉴测	涉敏数据事件	应急组织机构
敏感数据视图	安全策略指标	异常行为监测	安全运维事件	应急人员配置
分类分级视图	安全策略视图	安全风险告警	安全事件告警	编制应急预案
访问热度视图	安全策略下发	安全风险处置	安全事件处置	开展应急演练
数据流向视图	安全策略优化	安全风险防范	安全事件防范	快速应急响应

图4-36 数据安全运营组成

数据安全运营包含持续性的安全基线检查、漏洞检测、差距分析，安全事件和安全风险的响应、处置、通报，数据安全复盘分析等，强调数据安全管理工作过程中对数据运营目标的针对性，如数据资产梳理（含数据地图、敏感数据梳理、数据分类分级、数据访问流向分析、数据访问热度分析等）、下发数据安全管控策略、数据安全持续性评估、数据安全运营指标监测、安全阈值的设定等，还包括通过运用流程检测和事件处置结果的考评，对运营人员的能力进行评估，对现有技术控制措施有效性的评估。

数据安全运营机制涵盖以下方面。

（1）预防检测。包括主动风险检查、渗透攻击测试、敏感核查和数据安全基线扫描等手段。

（2）安全防御。包括安全加固、控制拦截等手段。

（3）持续监测。包括数据安全事件监测、确定及定性风险检测、隔离事件等手段。

（4）应急预案。包括对数据安全事件的识别、分级，以及处置过程中组织分工、处置流程、升级流程等。

（5）事件及风险处置、通报。包括流程工单、安全策略管理、安全风险及事件处置、处置状态通报等手段。

2．安全基础培训服务

邀请数据安全理论专家和技术专家开展针对数据安全业务人员和技术人员的安全基础专项培训，提升相关人员数据安全意识，掌握数据安全发展趋势，了解新型风险和攻防新技术，规范数据安全管理制度，提高数据安全防护能力。

4.4.2 建设时间表矩阵

1．数据安全策略持续运营

数据安全策略需要结合策略运营数据进行持续优化运营才能达到一个比较理想的结果，运营通常分成五个阶段。运营时间矩阵表见表4-4。

表4-4 运营时间矩阵表

项目时间	系统上线	1个月后	3个月后	6个月后
第一阶段	1．默认策略			
第二阶段		1．默认策略优化 2．建立业务策略 3．依照《数据安全管理规范》建立自定义安全策略		
第三阶段			1．优化业务策略 2．优化自定义安全策略	
第四阶段				1．形成自定义安全策略库 2．备份自定义安全策略库
第五阶段	持续优化			

2. 员工培训

数据安全运营离不开"人"这一关键核心,人员能力最终决定安全运营效果,需对从事安全管理岗位的人员开展系统功能培训及定期开展安全知识培训,培训可分成四个阶段。员工培训时间矩阵表参见表4-5。

表4-5 员工培训时间矩阵表

	项目启动	系统上线	1个月后	每季度
第一阶段	1. 系统功能介绍			
第二阶段		1. 系统部署架构说明 2. 系统功能实操培训 3. 系统日常运维作业培训		
第三阶段			1. 系统需求收集 2. 系统意见收集	
第四阶段				1. 数据安全知识培训 2. 数据安全能力考核

第 5 章　代表性行业数据安全实践案例

5.1　数字政府与大数据局

5.1.1　数字经济发展现状

中国信息通信研究院发布的《中国数字经济发展白皮书（2021年）》数据显示，2020年我国数字经济在逆势中加速发展，呈现出以下特征：

数字经济保持蓬勃发展态势。2020年，我国数字经济依然保持蓬勃发展态势，规模达到39.2万亿元，占GDP比重达38.6%，同比提升2.4个百分点。

数字经济是经济增长的关键动力。2020年，我国数字经济依然保持9.7%的高位增长，成为稳定经济增长的关键动力。

各地数字经济发展步伐加快。各地政府纷纷将数字经济作为经济发展的稳定器。

5.1.2　数据是第五大生产要素

从数字经济发展现状可以看到数字经济的重要性，数字经济已成为稳定经济增长的关键动力，也成为国家间竞争力的重要体现。数字经济的核心即数据。

2020年4月，中共中央、国务院印发《关于构建更加完善的要素市场化配置体制机制的意见》；把数据与土地、人力、资本、技术并列，列为第五大生产要素，明确提出加快培育数据要素市场，推进政府数据开放共享、提升社会数据资源价值、加强数据资源整合和安全保护。

数据作为生产要素进入市场，需要解决数据确权、隐私保护、数据流动自主可控等关键数据安全保障难题。

5.1.3　建设数字中国

国家"十四五"规划明确提出，加快数字化发展，建设数字中国。提出迎接数字时代，激活数据要素潜能，推进网络强国建设，加快建设数字经济、数字社会、数字政府，以数字化转型整体驱动生产方式、生活方式和治理方式变革。

5.1.4　数据安全是数字中国的基石

数字化的基石是数据安全，没有数据安全就没有数字化，没有数字化就没有智能化，数字中国也就无法得到有效保障。所以我们要建设好数字政府，提高国家竞争力，就必须要做好数据安全。

为保障数字中国的安全有序发展，国家出台了一系列法律法规，如《中华人民共和国网络安全法》《中华人民共和国密码法》《中华人民共和国数据安全法》《中华人民共和国个人信息保护法》《关键信息基础设施安全保护条例》等。

5.1.5 大数据局数据安全治理实践

近年来，很多省市成立了大数据局，统筹推进"数字政府"改革建设。为实现"数字政府"数据安全监管能力的提升，进一步贯彻与落实上级部门在数据安全方面相关的法律法规和管理要求，保障公共数据安全，需要建立数据安全治理体系。

数据安全治理体系涵盖管理体系、技术体系、运营体系，通过三位一体的方式纵向打通管理体系、技术体系、运营体系，横向覆盖数据全生命周期，形成立体化无盲区的数据安全防护能力。

1. 管理体系

首先需要明确，数据安全的目标是为了保障"数字政府"安全有序发展，安全是为了发展，发展离不开安全。明确了数据安全的战略目标，就要规划配套设计实现战略目标所需要的组织架构及制度流程。数据安全治理体系总体框架如图5-1所示。

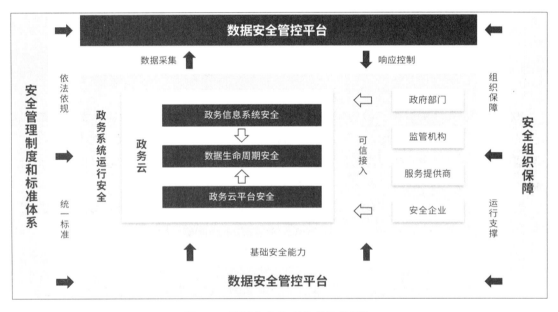

图 5-1　数据安全治理体系总体框架

2. 技术体系

技术体系需要覆盖数据全生命周期包含数据的采集—传输—存储—处理—交换—销毁六个过程域，各个过程域所涉及的风险及防护能力也不一样。以下是一个典型大数据局场景下的全生命周期流程图及防护能力说明（图5-2）。

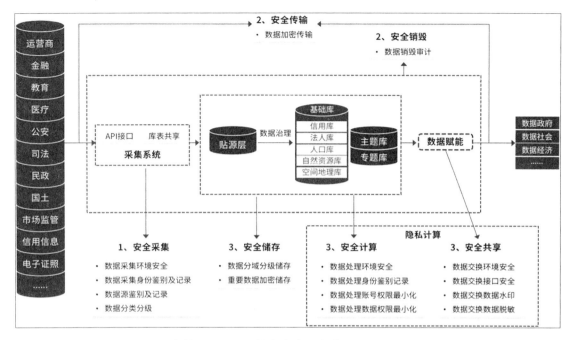

图 5-2　大数据局场景下的全生命周期流程图及防护能力说明

（1）安全汇数。

安全汇数涉及采集、传输、存储三个过程域，安全汇数以数据分类分级为基础，梳理数据资源目录清单，对于清单内的重要数据全链条加密，从加密传输到加密存储，并对全流程开展第三方审计记录，防止数据汇集过程中出现数据泄露风险。

（2）安全用数。

安全用数涉及计算、共享两个环节，以数据分类分级为基础，通过权限最小化、API安全防护、数据脱敏、数据水印等技术保障用数安全，同时可以根据业务需要采用隐私计算技术，实现数据可用不可见，数据可用不可取。

（3）安全管数。

安全管数一是对身份进行统一管理、动态鉴权，引入零信任安全架构；二是通过数据安全管控平台，以数据为核心，实时感知数据全生命周期的链路安全。

（4）运营体系。

数据安全是一个动态的而非静态的过程，随着新系统上线、系统配置变更、安全技术的演进，都会产生新的数据安全风险点，所以要建立数据安全运营体系。数据安全运营除了日常的安全策略优化，还包含应急响应、攻防演练、人才培养等，同时可以根据实际需要选择安全托管等服务。

5.1.6　数据安全治理价值

（1）提升数据安全运营能力。

通过横向覆盖数据全生命周期安全，纵向打通管理体系、技术体系、运营体系，建立无盲区、立体化的数据安全防护体系，极大提升数据安全运营能力，有效保护数据安全。

（2）提升数据安全计算能力。

通过多方计算、联邦学习、隐私求交集、可信执行环境等技术手段，在满足计算性能的前提下保障计算安全。

（3）保障"数字政府"安全有序发展。

要保障"数字政府"安全有序发展，就离不开数据安全，数据安全已经成为"数字政府"发展的基础设施之一。

（4）满足监管合规。

监管合规是"数字政府"发展的前置条件，通过数据安全治理体系的建设，满足国家相关法律法规的监管合规要求。

5.2 电信行业数据安全实践

5.2.1 电信行业数据安全相关政策要求

近年来，电信行业的快速发展，创新型新技术、新模式的广泛运用，对促进经济社会发展起到了积极的作用。与此同时，用户个人信息的泄露风险和保护难度也不断增大。近年来，电信运营商行业相关政策法规相继出台，促进了电信行业个人信息保护制度的进一步完善。

在数据安全方面，《电信网和互联网数据安全通用要求》（YDT 3802—2020）、《基础电信企业数据分类分级方法》（YDT 3813—2020）于2020年相继出台，针对基础电信企业数据分类分级提出了示例，并规范了数据采集、传输、存储、使用、开放共享、销毁等数据处理活动及其相关平台系统应遵循的原则和安全保护要求，同时，明确了对电信运营商数据安全组织保障、制度建设、规范建立等管理要求。

《2020年省级基础电信企业网络与信息安全工作考核要点与评分标准》要求包括电信运营商在内的相关行业按照《2020年电信和互联网企业数据安全合规性评估要点》完成数据安全合规性评估工作，形成评估报告，并针对2020年内应组织落实的要点内容，及时进行风险问题整改。

与此同时，工业和信息化部《关于做好2020年电信和互联网行业网络数据安全管理工作的通知》也对电信行业数据安全防护提出了更高、更具体的要求，包括：

- 持续深化行业数据安全专项治理。
- 全面开展数据安全合规性评估。
- 加强行业重要数据和新领域数据安全管理。
- 加快推进数据安全制度标准建设。
- 大力提升数据安全技术保障能力。
- 强化社会监督与宣传培训。

对于电信运营商来说，满足电信行业安全合规政策检测要求，提高自身数据安全防护能力，针对全行业有序实施数据安全治理建设亦是迫在眉睫。

5.2.2 电信行业数据安全现状与挑战

大数据新技术带来客户信息安全挑战。众所周知，大数据平台数据量大、数据类型多样、大数据平台组件设计之初存在高解耦性等，面对大数据环境，数据的采集、存储、处理、应用、传输等环节均存在更大的风险和威胁。在电信运营商大数据安全管理层面，存在缺乏客户信息衡量标准，电信运营商的安全管控系统和安全管理职责不明确等风险，特别是在电信运营商大数据对外业务合作过程中，数据传输、使用的过程中留存等诸多的安全漏洞。在安全运营层面，也存在着供应链、业务设计、软件开发、权限管理、运维管理、合作方引入、系统退出服务等安全风险。

数据信息的分类分级较难。数据信息包括客户信息和企业业务数据信息。客户信息中包含了用户身份和鉴权信息、用户数据及服务内容信息、用户服务相关信息等三大类。而在这三类信息中，又包含了身份标识、基本资料、鉴权信息、使用数据、消费信息等诸多不同类型的数据。这就导致在实际工作落地中，电信运营商往往很难进行全量的识别，致使在对这些客户信息进行管理时无法进行全部监控，因而不能在第一时间发现风险。电信运营商的业务数据信息中由于内部业务系统复杂，各省（自治区）、市、县业务数据信息存在非常高的业务属性，比客户信息更加繁杂，而且各业务系统的开发厂商也存在各自的专有标签。这些数据信息存在分散、数据量大、业务属性强的特点，导致数据分类分级难以推行实施，敏感信息无法准确定位、定级发现，整体的数据信息环境存在安全隐患。

数据过于集中导致风险集中爆发。随着近些年来目标明确的持续性威胁攻击行为带来越来越大的风险，电信行业受到了越来越多更加隐蔽、更加深度的威胁。目前大数据平台、云计算环境尚处于起步阶段，基于新模式新场景下的数据安全防护手段和措施仍然欠缺，同时由于电信企业大数据环境存在宝贵的海量数据资产，因此更容易成为不法分子的目标，带来数据安全难题。

5.2.3 电信行业数据安全治理对策

1. 加强对大数据环境下客户信息保护的研究

为了使客户信息得到保护，电信运营商必须加强对大数据环境下客户信息保护的要求工作，深入探索大数据安全，开展大数据安全保障体系规划，同步推进大数据安全防护手段建设，保障大数据环境下的安全可管可控。在治理大数据客户信息安全的过程中，需要从安全策略、安全管理、安全运营、安全技术、合规评测、服务支撑等层面，建立大数据客户信息安全管理总体方针，加强内部和第三方合作管理过程把控，强化数据安全运营和业务安全运营的过程要求，夯实对大数据平台系统的安全技术防护手段，定期开展大数据客户信息安全评估工作，强化大数据客户信息安全治理过程。

2. 强化电信运营商对数据的分类分级

电信企业要全面开展对客户敏感信息的识别和分类分级。通过对业务数据的分类分级，实现业务系统的分级安全建设标准，只有这样才能够在大量的客户信息和业务信息中有效地分析出敏感信息，并科学管理这些信息，打造出安全的数据流转环境。

基础电信企业数据分类方法：参照 GB/T 10113—2003 中的线分类法进行分类。按照业务属性或特征，将基础电信企业数据分为若干数据大类，然后按照大类内部的数据隶属逻辑关系，将每个大类的数据分为若干层级，每个层级分为若干子类，同一分支的同层级子类之间构成并列关系，不同层级子类之间构成隶属关系（图5-3）。

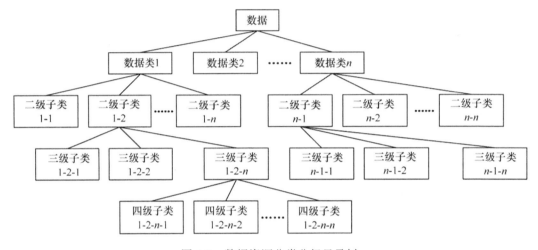

图 5-3　数据资源分类分级目录树

基础电信企业数据分级方法：在数据分类基础上，根据数据重要程度，以及泄露后造成的影响和危害程度，对基础电信企业数据进行分级（图5-4）。

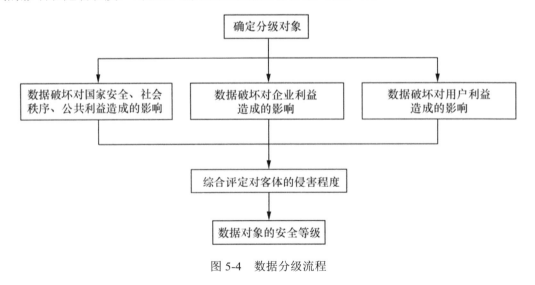

图 5-4　数据分级流程

相应的数据分级流程：确定数据分级对象、确定数据安全受到破坏时造成影响的客体、评定对影响客体的影响程度、确定数据分级对象的安全等级，以此为依据实施安全防护策略。

3．增强数据安全管理

在大数据背景下，电信运营商的客户信息常常受到数据安全的威胁。想要增强客户信息的安全性，必须要增强数据安全治理体系的建设。

首先，需要继续加强传统网络安全手段的建设，通过数据梳理、数据库安全网关、数据审计、数据脱敏、数据加密、DLP防泄密等基础数据安全设备构筑防护能力。

其次，需要针对大数据的特殊环境进行研究，解决虚拟化、大数据共享、非关系型数据安全等新型问题，作为传统网络防御手段的有效补充。

最后，需要遵循国家针对大数据下安全标准，制定适合本行业科学、合理的标准，为电信和互联网数据安全打下良好基础。

5.3 金融行业数据安全实践

5.3.1 典型数据安全事件

2019年12月12日，澳大利亚西澳大利亚州最大的银行P&N Bank在服务器升级期间遭遇了网络攻击进而发生数据泄露，其客户关系管理系统中的个人信息和敏感的账户信息被暴露，暴露的信息包括客户名称、年龄、居住地址、电子邮件地址、电话号码、客户编号、银行账号及账户余额等个人身份信息（PII）和敏感的账户信息。

2020年4月9日，位于新加坡的网络安全公司Group-IB检测到一个包含韩国、美国的银行和金融机构几十万条支付卡记录详细信息的数据包在暗网上销售。

随着信息技术越来越多地应用到金融行业各类业务系统，金融行业面临的信息技术安全问题也越来越广泛。频发的数据泄露事件使得金融领域个人隐私保护问题变得越来越严峻。

5.3.2 金融行业数据风险特征

（1）数据价值高。金融数据通常涵盖了客户的个人信息、资产信息、征信信息、消费习惯、银行消费记录等众多高价值信息。如此庞大而详细的数据就是金融企业最核心、最重要的资产，其背后蕴藏着的巨大经济价值也引起了大量不法分子的觊觎。不法分子通过长期渗透和数据扒取手段窃取数据，数据一旦泄露，企业就会遭受巨大的损失。

数据暴露面广。移动支付的兴起，移动互联网恶意程序激增，业务系统和网络环境复杂、数据应用多样使得安全边界模糊，且攻击隐蔽性强：金融企业可能面临全天候暴露在不法分子的攻击中，而新技术、新模式的广泛应用风险更加复杂多变。在开放银行模式下，通过第三方SDK、开源代码针对应用软件的攻击频发，如被注入恶意代码的集成开发工具，导致 App 出现漏洞；随着数字经济的推行，数据被充分地共享和交换，这个过程中充斥着大量个人隐私数据和敏感数据。数据不断移动和扩散，而外部和第三方访问数据缺少监管也带来严重安全隐患。

（2）内外忧患多。金融行业数据除了面临黑客等外部不法人员的拖库、撞库、网络钓鱼、社会工程学攻击等，还面临内部员工及外协人员的违规操作、越权访问、无意泄露等情况。金融行业技术基础建设比较成熟，同时，金融行业数据安全的监管要求高，金融业务的高连续性、高可靠性要求对安全产品的稳定性要求极高，这就导致以代理方式部署数据安全产品的方式面临极大的业务阻力。

（3）意识淡薄。部分客户和业务运营人员的安全意识都比较淡薄，对隐私保护没有那么敏感。抱着侥幸的心理，他们很多时候愿意用隐私来交换利益。即便有再好的安全措施，意识观念上的疏忽都会导致严重的后果。所以只有不断增强安全意识，时时、处处、事事注意，才能最大限度地防止或减少安全事件的发生。

金融行业的数据，由于其敏感性，一旦泄露容易给客户隐私造成非常严重的影响，轻则导致客户频繁收到骚扰电话、垃圾短信的骚扰，日常生活被严重打扰；重则影响财产损失，甚至付出生命代价。同时，金融企业一旦发生数据泄露事件，还面临着数据勒索、监管处罚、股价下跌、自身声誉下降，导致客户流失，从而致使其运营困难。

在数字经济时代，数据安全风险越来越大。如何保证数据的安全性，尤其是金融行业的数据安全，已成为亟须解决的问题。

5.3.3 金融行业数据安全标准

数据作为金融业的核心资源，面临的安全问题尤为突出，金融数据泄露等安全威胁的影响逐步从组织内转移扩大至行业间，甚至影响国家安全、社会秩序、公众利益与金融市场稳定。

为提升金融业数据安全保护能力，保障金融数据的安全流动，中国人民银行已发布并实施了三个数据安全相关的金融行业标准，分别是：
- 《个人金融信息保护技术规范》（JR/T 0171—2020）
- 《金融数据安全 数据安全分级指南》（JR/T 0197—2020）
- 《金融数据安全 数据生命周期安全规范》（JR/T 0223—2021）

《个人金融信息保护技术规范》（JR/T 0171—2020）规定了个人金融信息在收集、传输、存储、使用、删除、销毁等生命周期各环节的安全防护要求，从安全技术和安全管理两个方面，对个人金融信息保护提出了规范性要求。

《金融数据安全 数据安全分级指南》（JR/T 0197—2020）给出了金融数据安全分级的目标、原则和范围，明确了数据安全定级的要素、规则和定级过程，并给出了金融机构典型数据定级规则供实践参考，适用于金融机构开展数据安全分级工作，以及第三方评估组织等参考开展数据安全检查与评估工作。该标准的发布有助于金融机构明确金融数据保护对象，合理分配数据保护资源和成本，是金融机构建立完善的金融数据生命周期安全框架的基础。

《金融数据安全 数据生命周期安全规范》（JR/T 0223—2021）在数据安全分级的基础上，结合金融数据特点，梳理数据安全保护要求，形成覆盖数据生命周期全过程的、差异化的金融数据安全保护要求，并以此为核心构建金融数据安全管理框架，为金融机构开展数据安全保护工作提供指导，为第三方安全评估组织等单位开展数据安全检查与评估提供参考。

5.3.4 金融数据安全治理内容

金融行业想要开展数字化转型、加速数据要素的市场化配置，其根本保障是数据安全地流转与使用。开展数据安全治理，是金融机构应对监管要求、夯实数据安全使用的根基。金融行业数据安全治理，可以从安全评估、安全管理和安全技术的运用三个维度进行治理建设。

根据金融数据类型和涉及金融子领域的不同，确定数据保护原则和基础设施的标准体系。金融机构管理层应当达成共识，将数据安全治理体系的建设提升到战略高度，通过实施安全评估，结合金融机构的战略发展和规划、组织架构，设计相对应的数据安全管理体系，进而将数据安全治理逐步向下分解为可落地的管理制度和技术工具，并从安全的角度对数据的安全策略和安全访问措施进行梳理及落地实践。

（1）安全评估。

全国金融标准化技术委员会于2021年12月3日发布公告，就《金融数据安全 数据安全评估规范》征求意见。该标准适用于金融机构自身开展金融数据安全评估使用、作为第三方安全评估组织等单位开展金融数据安全检查与评估使用。金融数据安全管理、金融数据安全保护、金融数据安全运维是纳入金融数据安全评估的三个主要评估域（图5-5）。

金融数据安全管理评估	金融数据安全保护评估	金融数据安全运维评估
• 组织架构安全 • 制度体系建设安全	• 数据资产分级管理 • 数据生命周期安全保护相关	• 机构边界管控 • 访问控制 • 安全监测 • 安全审计 • 安全检查 • 应急响应 • 事件处置等数据安全运维

图 5-5 金融数据安全评估内容

金融数据安全管理评估：适用于金融机构数据安全管理相关组织架构的建设及制度体系建设两个方面相关的安全评估。

金融数据安全保护评估：明确了金融机构数据资产分级管理安全评估内容和基于数据

生命周期的安全保护相关安全评估。

金融数据安全运维评估：涉及内容包括金融机构的边界管控、访问控制、安全监测、安全审计、安全检查、应急响应与事件处置等与数据安全运维的维度相关的安全评估。

（2）安全管理。

金融数据安全治理的内容涵盖安全管理制度、组织、人员、访问控制、安全事件管理，应当结合自身发展战略、监管要求等，制定数据战略并确保有效执行和修订。

制定全面科学有效的数据管理制度，包括但不限于组织管理、部门职责、协调机制、安全管控、系统保障、监督检查和数据质量控制等方面。

同时，根据监管要求和实际需要，持续评价更新数据管理制度，制定与监管数据相关的监管统计管理制度和业务制度，及时发布并定期评价和更新，报监督管理组织备案。当制度出现重大变化时，应当及时向监督管理组织报告。

另外，金融机构应当建立覆盖全部数据的标准化规划，遵循统一的业务规范和技术标准。数据标准应当符合国家标准化政策及监管规定，并确保被有效执行。

（3）安全技术的应用。

在数据保护原则的确定上，根据金融数据敏感度、数量大小、运用场景、风险高低的不同，构建阶梯式数据安全保护原则，提升数据安全防护能力，释放数据资产价值。

金融行业数据安全治理运用的安全技术，应从明晰数据资产开始，通过安全工具识别数据资产、实施数据分类分级，为数据的存储、传输、共享等使用提供安全基础。同时，应贯穿于数据的整个生命周期，围绕敏感数据实施访问身份认证、访问控制、加密、去标志化、匿名化、安全审计、异常行为分析等安全防护技术措施。

另外，应当实施定期风险评估制度，持续识别数据暴露面风险，制定敏感数据、风险管控策略，持续评估风险态势，并持续调整和完善数据安全管控策略。金融行业数据安全治理活动运用最广泛的安全技术手段包括数据匿名化和去标识化、数据分类分级两种。

1. 匿名化和去标识化

匿名化和去标识化可以简单理解为脱敏的两种技术，对金融个人隐私保护起到重要的作用。

（1）匿名化：通过对个人金融信息的技术处理，使得个人金融信息主体无法被识别，且处理后的信息不能被复原的过程

（2）去标识化：通过对个人金融信息的技术处理，使其在不借助额外信息的情况下，无法识别个人金融信息主体的过程。

除匿名化和去标识化外，金融信息展示同样需要用到模糊化和不可逆这两种脱敏技术。

（1）模糊化：通过隐藏（或截词）局部信息令该个人金融信息无法完整显示。

（2）不可逆：无法通过样本信息倒推真实信息的方法。

2. 数据分类分级

金融数据分类分级是指，通过确定数据的业务归属和重要程度来识别数据的风险和暴露面，进而针对分类分级结果采取有针对性的安全措施和管理策略。当前，金融数据分类分级存在两种不同思路。

《证券期货业数据分类分级指引》（JR/T 0158—2018）采用从业务条线触发，首先对业务细分；其次对数据细分，形成从总到分的树状逻辑体系结构；最后对分类后的数据确定级别，同时推荐确定数据形态。

而《金融数据安全 数据安全分级指南》JR/T（0197—2020）将数据安全性遭到破坏后可能造成的影响当作确定数据安全级别的重要判断依据，其中主要考虑影响对象与影响程度两个要素。影响对象指金融机构数据安全性遭受破坏后受到影响的对象，包括国家安全、公众权益、个人隐私、企业合法权益等。影响程度指金融机构数据安全性遭到破坏后所产生影响的大小，从高到低划分为非常严重、严重、中等和轻微。

5.4 医疗行业数据安全实践

5.4.1 医疗数据范围

医疗数据是指和医学相关的有关数据，如各种诊治量、与技术质量有关的数据、有意义的病史资料、重大技术数据、新技术价值数据、科研数据，以及与社会上有关的数据等，按照数据的使用范围归类，包含汇聚中心数据、互联互通数据、远程医疗数据、健康传感数据、移动应用数据、器械维护数据、商保对接数据、临床研究数据等八大类。医疗敏感数据包括但不限于：患者个人隐私信息、健康数据；患者预约信息、检查检验信息、就诊信息；医疗工作人员身份、隐私信息；医药品、医疗器材、耗材信息、库存信息；处方信息；医疗组织、研究组织或人员内部共享、使用和分析数据；医疗财务数据信息；与技术质量有关的数据；有意义的病史资料、重大技术数据、新技术价值数据、科研数据等；与社会有关的数据等（图5-6）。

汇聚中心数据。汇聚中心包括区域卫生信息平台、健康医疗大数据中心、学会数据中心、医院内部数据中心等，典型数据使用情境为科研使用、医生调阅、第三方使用。

互联互通数据。包括以电子病历、电子健康档案和医院信息平台为核心的医疗组织信息化项目中应用的医院信息平台实现医院之间数据的互联互通和信息共享，跨组织、跨地域健康诊疗信息交互共享和医疗服务协同。该场景的信息控制者包括医疗组织和医联体等医疗应用，涉及数据包含数据中的电子病历数据、健康状况数据中的电子健康档案数据等。

远程医疗数据。远程医疗涉及的数据包括医疗应用数据和健康状况数据，该场景涉及的相关方包括医疗组织、患方、业务伙伴。

健康传感数据。通过健康传感器收集的与被采集者健康状况相关的数据。涉及的数据包含个人身份信息的个人属性数据、包含生活方式等的健康状况数据。

图 5-6 医疗数据范围

移动应用数据。通过网络技术为个人提供的在线健康医疗服务（如在线问诊、在线处方）或健康医疗信息服务的应用，涉及的数据包含个人电子健康档案等。

器械维护数据。不同的医疗器械涉及不同的数据，影像系统涉及病人的影像和影像诊断报告，检验系统涉及病人的检验检查报告和检验结果。医疗器械为维护的目的，存有的器械维护历史记录等。

商保对接数据。购买商业保险的个人健康医疗信息主体，在定点医疗组织就医时，除医保费用报销范围外，涉及其他的医疗费用，且在商业险责任范围内的，经其授权同意，商业保险公司通过与医疗组织建立连接的医疗信息系统，以便及时掌握个人健康医疗信息主体的就诊治疗情况及发生的费用相关信息，根据商业保险组织的核赔规则自动进行支付结算等理赔业务。

临床研究数据。临床研究包括由医院、医生发起的科研项目，政府科研课题研究项目，科研组织研究等以社会公共利益为目的的医学科学研究，或者涉及公共卫生安全的临床科研实验研究项目，也可以是医疗企业发起的以商业利益为目的的临床研究。数据使用包括数据的采集和记录、分析总结和报告等。

5.4.2 医疗业务数据场景与安全威胁

1. 医疗行业的主要业务系统

第一类业务系统主要包括各级医院、卫生院 HIS、LIS、PACS、RIS、EMR 等生产业务库。

第二类业务系统包含电子健康档案平台等决策分析系统，涉及人员健康相关活动中直接形成的具有保存备查价值的电子化历史记录。

第三类业务系统包含医院等组织对外的互联网业务、公众健康平台等。

这三类系统中均存在大量个人隐私数据、健康数据、医疗财务数据等敏感信息，部分核心系统数据分布采用主库、从库、灾备库等多级容灾机制。

2．医疗业务数据面临的主要威胁

（1）互联互通大趋势导致数据暴露面增加。

医疗单位在数据互联互通、高等级电子病历、互联网医院的建设过程中，不可避免地促使数据在不同系统、不同院区甚至不同医院和相关管理单位间流转，也会面对来自互联网甚至物联网的数据访问请求。数据通道数量的增加导致数据安全出现问题的概率也在成倍增加。

（2）数据复杂度增加导致治理困难。

医院信息系统产生的数据日益复杂，从最早的电子病历与 HIS 数据，到现在的 PACS、LIS 数据，甚至物联网都在时刻产生着庞大数据。各种数据格式不一、内容庞杂，缺乏安全分类分级标准，无法定义安全保护等级，导致治理困难，从而使安全策略难以细粒度实施。

（3）数据防护思路手段落后无法应对挑战。

传统基于数据库审计与访问控制的数据安全体系无法应对目前的数据使用场景，例如医院数据向外部交换时的安全防护、拟人化木马数据窃取、账号失窃后的数据访问等。

5.4.3 数据治理建设内容

医疗数据安全治理能力建设涵盖数据运行环境安全检查、数据的分类分级、身份与角色权限管理、医疗敏感数据脱敏、水印溯源、数据访问控制和数据行为安全审计等内容（图5-7）。

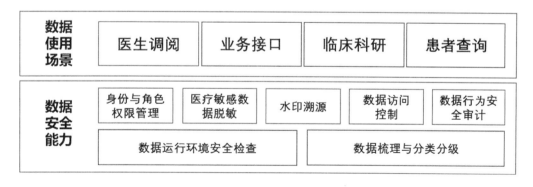

图 5-7 医疗数据安全能力图谱

医疗行业数据安全治理，应以数据梳理为基础，落实数据安全防护策略、实施数据安全监控与稽核，打造数据资产新型安全防护模式。

数据梳理与分类分级

医疗数据运行环境安全：应具备检测与发现系统漏洞、资产管理、漏洞管理、扫描策略配置、漏洞扫描和报表管理等6项能力。支持CVE、CNNVD、CNCVE、CNVD、BUGTRAQ等5种漏洞库编号，按照国家新发布的漏洞及时更新。支持扫描操作系统、网络设备、虚拟化设备、数据库、移动设备、应用系统等6类系统和设备。

建立医疗数据资产目录：数据汇聚应明确汇聚的数据资源目录，明确数据汇聚数量，留存数据汇聚记录。

医疗数据分类分级：制定医疗行业的数据分类分级标准，如按照数据的重要程度、业务属性、数据权属等不同维度进行分类，在数据分类基础上根据数据损坏、丢失、泄露等对组织造成形象损害或利益损失程度进行数据分级等，通过对业务应用相关数据表、数据字段进行数据安全调研工作，形成可用的数据安全规则库。对采集到的数据按照业务场景需求、数据的重要性及敏感度进行分类分级处理。基于以上分类分级标准对数据进行统一的分类分级，并对不同类别和级别的数据采取不同的安全保护细则，包括对不同级别的医疗数据进行标记区分、明确不同数据的访问人员和访问方式、采取的安全保护措施（如加密、脱敏等），以便更合理地对数据进行安全管理和防护。

（1）落实数据安全防护策略。

身份、角色、权限管控：通过身份验证机制阻止攻击者假冒其他医疗用户身份；统一的用户结构和访问授权机制，防止攻击者随意访问未经授权的数据。身份的定义是所有管控环节的基础，只有科学、有限、全面的身份定义控制才能识别所有主体，建立和维护数字身份，并提供有效、安全地进行IT资源访问的业务流程和管理手段，实现统一的身份认证、授权和身份数据集中管理与审计，从而对行为管控提供支撑。

医疗测试开发数据的静态脱敏：静态数据脱敏一般用在非生产环境，即医疗敏感数据在从生产环境脱敏完毕之后再在非生产环境使用，一般用于解决医疗环境测试、开发库需要生产库的数据量与数据间的关联，以排查问题或进行数据分析等，但又不能将敏感数据存储于非生产环境。

运维场景医疗数据的动态脱敏：动态数据脱敏一般用在医疗生产环境，在访问敏感数据实时进行脱敏，一般用来解决在生产环境根据不同情况对同一敏感数据读取时需要进行不同级别脱敏的问题。

数据安全管控：解决医疗环境应用和运维带来的数据安全问题，提供数据库漏洞防护、数据库准入、数据库动态脱敏和精细化的数据访问控制能力，通过IP地址、MAC地址、客户端主机名、操作系统用户名、客户端工具名和数据库账号等多个维度对用户身份进行认证，对核心数据服务的访问流量提供高效、精准的解析和精细的访问控制，保障数据不会被越权访问，提供风险操作审批机制，有效识别各种可疑、违规的访问行为。

（2）数据安全监控与稽核。

数据访问控制和安全审计。具备数据审计、数据访问控制、数据访问检测与过滤、数据服务发现、敏感数据发现、数据库状态和性能监控、数据库管理员特权管控等功能，具备数据操作记录的查询、保护、备份、分析、审计、实时监控、风险报警和操作过程回放等功能。

5.4.4 典型数据安全治理场景案例

1. 医疗数据安全治理典型场景案例——助力医院审计增效

由于医院具有业务信息结构复杂、数据庞大等特点，其在不同环节都容易存在多方面的问题。在医疗服务项目环节，医院可能出现违规收费问题，例如重复收费、超标准收费、分解项目收费等；在药品管理使用环节，医院可能出现限制用药问题，例如药品超医保限定使用范围、违规加价等；在耗材采购销售环节，医院可能出现虚增耗材问题。

违规行为势头存在的主要原因之一在于，医院无法有效区分正常操作和非法操作的行为差异，不具备主动预防信息科人员、其他业务科室、第三方运维人员、系统维护人员等各人群通过数据库、应用系统等获得医疗数据的能力。

为了防止违规行为发生，医疗行业根据应用系统的特点，借助数据审计、数据库防护墙、数据安全运维系统、异常数据行为分析系统等安全设备，以操作行为的正常规律和规则为依据，对相关计算机系统进行的操作行为产生的动态或静态数据访问痕迹进行监测分析，发现和防范内部人员借助信息技术实施的违规和犯罪；对信息系统运行有影响的各种角色的数据访问行为过程进行实时监测，及时发现异常和可疑事件，避免信息科内部人员、数据库管理员、网络安全人员等的威胁而发生严重的后果。

2. 医疗数据安全治理典型场景案例——医学影像文件脱敏

医学影像文件用作医疗培训、科研教学和模型训练实现医学影像辅助诊断案例如下。

（1）医学影像文件在医疗教学、业务培训中的广泛使用。

医学影像实训依托多媒体、人机交互、数据库等信息化技术，构建高度仿真的虚拟实验环境和实验对象，学生在虚拟环境中开展实验，达到教学大纲所要求的教学效果。

（2）人工智能通过模型训练实现医学影像辅助诊断。

近年来，社会对医疗组织的快速诊断能力提出了更高要求，利用人工智能方法开展医学影像智能分析及辅助诊断方法，能够在实际应用中帮助医生提高工作效率、减少漏诊。而在AI学习、分析过程中，需要大量的数据标本作为学习依据。

在上述两类场景中，需要大量使用医学影像文件、数据标本，而这些医学影像文件和数据标本中包含大量的患者个人隐私信息数据，这些数据用作非业务场景的使用之前，需要做相关数据脱敏操作，对个人隐私信息做匿名化和去标志化处理，以达到隐藏或模糊处理真实敏感信息的目的，保证生产数据在测试、开发、BI分析、科研教学等使用场景中的安全性（图5-8）。

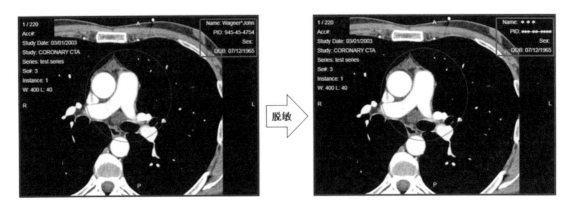

图 5-8　医学影像文件脱敏

5.5　教育行业数据安全实践

5.5.1　安全背景

在高校网络内存在众多的系统，包括门户网站（站群）系统、OA 系统、电子邮件系统、视频点播系统、网上图书馆、计费系统、一卡通系统、FTP 系统等。随着信息化的快速发展，教育行业作为创新的典型行业，对信息化的依赖程度越来越高，同时面对日趋复杂的网络环境，越来越多的高校开始关注校园网信息化建设的安全运营管理问题。由于学校的特殊性质，敏感资料也较多，其中包含大量教师、学生、科研等敏感信息，在行业内也出现过多起由于黑客攻击而导致的安全事故。如：学生篡改考试成绩、学生信息泄露导致的诈骗。

为顺应国家的数字化转型战略要求，并扎实落实《教育信息化2.0行动计划》《中国教育现代化2035》，推动信息技术与教育教学深度融合，提升高校信息化建设与应用水平，支撑教育高质量发展，教育部于2021年3月26日发布了《高等学校数字校园建设规范（试行）》（简称《规范》）。《规范》中明确了高校数字校园建设的总体要求，提出要围绕立德树人根本任务，结合业务需求，充分利用信息技术特别是智能技术，实现高校在信息化条件下育人方式的创新性探索、网络安全的体系化建设、信息资源的智能化联通、校园环境的数字化改造、用户信息素养的适应性发展，以及核心业务的数字化转型。

由此可见，网络和数据安全的体系化建设已经成为高校数字化校园建设的重要环节。安全工作要放在高校数字化校园建设中的首要位置加以考虑，加大投入，重点建设，才能更好地促进高校数字化校园建设工作有序推进与良性发展。

5.5.2　现状情况

在政府数字化转型的背景下，国内的高校信息化建设工作也集中在从传统业务系统到"智慧校园"的转型升级阶段（图5-9）。教育信息化建设主要用于满足特定的校园管理需求，例如建设一个业务系统，维护一部分学生信息，并产生更多教育相关数据。当建设的教育系统越来越多、每个教育系统积累的数据量越来越大时，现有的孤立系统和孤岛数据已难以支撑"智慧校园"的业务发展。急需通过有效的数据治理过程提升业务产能，从目标、组织、管理、技术、应用的角度持续提升数据质量的过程，可以帮助学校清洗数据、使用数据，挖掘数据价值，提高学校的科学决策能力、运营效率和管理水平，提高竞争力。

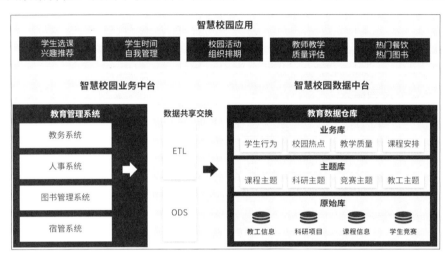

图 5-9　智慧校园应用架构图

5.5.3　安全需求

1. 安全计算环境需求

校园网安全建设应避免将重要网络区域部署在边界处，重要网络区域与其他网络区域之间应采取可靠的技术隔离手段，应利用访问控制、入侵检测等技术手段对不同区域之间的互相访问进行控制和流量检测。

在网络边界、重要网络节点进行安全审计，审计覆盖到每个用户，对重要的用户行为和重要安全事件进行审计。

一方面，有限的安全管理人员面对这些数量巨大、彼此割裂的安全信息，操作着各种产品自身的控制台界面和告警窗口，显得束手无策，工作效率极低，难以发现真正的安全隐患。另一方面，单位和组织日益迫切的信息系统审计和内控要求、等级保护要求，以及不断增强的业务持续性需求，也对客户提出了严峻的挑战。

对重要业务系统需要提升数据库审计能力，实现对数据库访问的详细记录、监测访问行为的合规性，针对违规操作、异常访问等及时发出告警，将安全风险控制在最小的范围之内。

需要对校园网中的物理主机和云主机实施主机安全管理，加强对网络接入、访问情况进行统一授权和管理，更加有效地防范各类违规、泄密事件的发生，提高网络的整体维护效率和管理力度。

2. 安全管理中心需求

需要在校园网的全网环境中提升综合审计能力，对来自业务应用系统和数据库系统用户的访问行为内容进行记录，对所发生安全事故的追踪与调查取证提供翔实缜密的数据支持。

审计记录各类用户进行的所有活动过程，系统事件的记录能够更迅速识别问题和攻击源，通过对安全事件的不断收集与积累并且加以分析，有选择性地对用户进行审计跟踪，以便及时发现可能产生的破坏性行为。

需要开启网络设备的日志功能，并部署集中日志审计系统，安装集中的日志数据库，进行日志记录的统一收集、存储、分析、查询、审计和报表输出。

3. 资产安全治理需求

需要对资产进行梳理，以便于掌握学校互联网暴露面下的数据资产底数信息和对应的管理架构。

需要通过漏洞扫描和安全事件监测服务，协助掌握数据运行环境的安全情况和最新动态。

4. 数据安全需求

数据作为生产要素通常采用采集、传输、存储、处理、交换、销毁等阶段来描述其生命周期，在采集阶段主要需要考虑数据来源是否合规、采集行为是否获得充分授权；在传输阶段主要考虑数据是否会被篡改或者复制；在存储阶段需要考虑数据明文存储可能会因为非授权访问造成数据泄露；在处理阶段存在身份冒用、权限滥用、黑客攻击等风险；在交换阶段面临着数据爬取、数据泄露、非法留存等风险；在销毁阶段则存在介质丢失和数据复原造成数据泄露的风险。通过以上分析可以看出，在数据生命周期中存在各种威胁和风险，随着数据参与生产的场景增多，数据开放的程度不断加深，迫切需要建立覆盖数据全生命周期的安全监测和防护能力。

5. 安全态势感知需求

校园数据安全要素复杂，安全需求多样，使得学校在数据安全整体建设上面临较大困难。无论是针对合规还是针对实际安全防护和运维的需求，都指明学校应具备智能安全分析能力的综合安全事件管理平台，对学校的整体安全要素进行集中管控，由"被动防御，人工防护"，升级到"主动防御，智能防护"的新阶段。

6. 安全保障服务需求

随着国家层面对信息安全的重视程度越来越高，国家对高校信息安全的管理也不断提出新的要求。而学校在数据安全防护能力上普遍缺乏专业人员的支持，因此，学校亟须在数据安全的管理和建设方面与社会专业组织和人员协助，共同构建信息安全保障体系。

5.5.4 安全实践思路

依据《中华人民共和国网络安全法》《中华人民共和国数据安全法》《中华人民共和国

个人信息保护法》，以及国家信息安全等级保护制度和信息保障技术框架，根据系统在不同阶段的需求、业务特性及应用重点，采用层次化与区域化相结合的安全体系设计方法，构建一套覆盖全面、重点突出、节约成本、持续运行的安全防御体系。

根据安全保障体系的设计思路，安全域保护的设计与实施通过以下步骤进行。

（1）确定安全域安全要求。

参照国家信息安全等级保护的相关要求设计等级安全指标库。通过安全域适用安全等级选择方法确定系统各区域等级，明确各安全域所需采用的安全指标。

（2）评估现状。

根据各区域安全要求确定各安全等级的评估内容，根据国家相关风险评估方法，对系统各层次安全域进行有针对性的风险评估。通过风险评估，可以明确各层次安全域相应等级的安全差距，为下一步安全技术解决方案设计和安全管理建设提供依据。

（3）安全技术解决方案设计。

针对安全要求，建立安全技术措施库。通过风险评估结果，设计系统安全技术解决方案。

（4）安全运行建设。

针对安全要求及实际情况，结合专业人员的协助，建立可持续的、安全的运行体系，保障各项安全措施有效运行。

通过如上步骤，可以形成整体的信息系统安全保障体系，同时辅以安全技术建设和安全运行建设，保障数据的整体安全。

5.5.5 总体技术实践

一个完整的信息安全体系应该是安全管理和安全技术实施的结合，两者缺一不可。在采用各种安全技术控制措施的同时，必须制定层次化的安全策略，完善安全管理组织和人员配备，提高安全管理人员的安全意识和技术水平，完善各种安全策略和安全机制，利用多种安全技术和安全管理实现对核心敏感数据的多层保护，减小数据受到攻击的可能性，防范安全事件的发生，并尽量减少事件造成的损失。

1. 安全管理层面

（1）安全管理组织。

①需要建立统一的安全管理组织部门，专门负责数据安全管理和监督。

②需要制定符合校内数据业务特点的人员安全管理条例。

③需要进行 IT 使用人员和运维管理人员的安全意识和安全技能培训，提高各级中心自身的安全管理水平。

（2）安全管理制度。

①需要制定具有业务系统自身特点的安全管理制度，符合国家和行业监管部门的安全管理要求，参照国际、国内成熟的标准规范，保证信息系统的安全运行。

②需要规范安全管理流程，加强安全管理制度的执行力度，以确保数据的整体安全管

理处于较高的水平。

2. 安全技术层面

（1）数据摸底探查。

通过探测、分析等技术对数据资产、用户身份及权限进行扫描探测和识别，自动分析和统计出数据资产分布情况，摸清资产家底、排除安全盲区，帮助校园真正实现资产暴露面的可知、可控、可溯，为建立数据资产管理和风险动态预警机制，协助提升安全管理能力提供底层数据支撑。

（2）数据安全。

校园相关系统产生的数据量大，且关系到教职工、学生的隐私信息，教学科研成果信息，一旦泄露会产生严重后果，应该针对数字校园相关系统进行保护，其中涉及信息的收集、传输、存储、使用、销毁等环节。

在采取安全措施前应先对数据进行梳理，将数据进行分类分级，梳理出重要业务数据、重要审计数据、重要配置数据、重要视频数据和重要个人信息不同类别，输出数据目录，然后针对不同类别、不同级别的数据采取不同的安全防护措施。

在采集信息时，应获得用户的授权，且应仅采集和保存必需的信息，同时应对信息的访问者进行身份认证，如基于零信任架构的持续身份认证来实现动态访问控制，在访问敏感信息时，如必要可采取二次认证或阻断访问。同时，对数据访问进行完整的审计记录，包括但不限于记录访问源、受访对象、访问时间、访问结果及访问语句等，且记录保存时限不应少于六个月。

在数据传输及存储时，应对数据采取符合国家密码管理局相关标准的密码技术，保证数据在传输或存储时的保密性及完整性，确保数据以密文形态存储，且与密钥独立存储，能够对数据传输的发送和接收方式双方进行有效的身份认证，同时要保证业务系统的可用性、可恢复性，避免数据加密后导致正常业务无法进行。

在数据的使用过程中，可能会存在访问、导出、加工、展示、开发测试、汇聚融合、公共披露、数据转让、委托处理、数据共享等方式，针对每种方式都应采取相应的安全措施。在使用时应先得到审批授权后才能进行，这样能防止误执行高危操作或越权使用等违规性；在数据展示或公开披露时应先根据数据的级别判断数据的影响范围，在必要时应去标识化后再将数据进行展示或披露；在开发测试环境中不应使用真实数据进行开发或测试，数据在加载到测试环境前，应先进行持久化脱敏处理，避免真实的敏感数据从开发测试环境泄露，同时，脱敏后的数据应保持数据的一致性和与业务的关联性，应用于数据抽取、数据分析，兼顾学习业务发展的需求；在数据进行汇聚融合计算、委托处理、共享时应保证计算平台环境的安全性，宜使用多方安全计算、联邦学习、同态加密、区块链等技术降低数据泄露、被窃取的风险，并具备防篡改的数据跟踪溯源能力，实现数据的可用不可见，有效保证数据共享过程中的安全。

当数据授权到期或数据所有者提出要求时，应完成数据的销毁，从涉及的系统或设备中去除数据,并确保不可被再次检索和访问。此时可通过使用预先定义的无意义、无规律的信息多次反复写入存储介质的存储区域的方法去除数据,或直接使用消磁设备、粉碎工具以物理方式销毁存储介质。

(3)终端/服务器安全。

针对办公、运维和 PC 终端的安全是通过防病毒软件、终端安全管理管理软件、日志采集系统及相应终端安全防护策略来实现的。

针对数据库系统的安全审计,可通过旁路部署数据库审计设备,对镜像流量进行解析和分析,实现对所有访问数据库行为的安全审计能力。通过配置策略,在对风险操作进行实时报警的同时,对事后追溯也能提供基础数据。

所有防护日志应推送到日志审计平台,实现对日志统一管理和安全审计;然后经过 UEBA 进行智能关联分析,智能发现访问风险。

3. 安全运营层面

在日常安全运营中,以数据为驱动,以安全分析为工作重点,立足于安全策略防护,充分利用数据安全分析及管理平台的数据收集、查询能力进行持续的监控与分析。

在应急响应机制中,规范应急处置措施,规范应急操作流程,加强技术储备,定期进行预案演练。

此外,人是安全中的重要一环,日常要大力宣讲网络与信息安全防范知识,贯彻预防为主的思想,树立常备不懈的观念,结合各方威胁情报力量,及时发现和防范校园数据安全突发性事件,采取有效的措施迅速控制事件影响范围,力争将损失降到最低程度。

4. 专家服务层面

(1)提供渗透测试服务。

使用人工或渗透测试工具,进行全面覆盖信息收集、漏洞发现、漏洞利用、文档生成等的渗透测试。通过融入特有的渗透测试理念,解决测试发现的安全问题,从而有效地防止真实安全事件的发生。

(2)提供安全加固服务。

对运行环境、应用系统、数据、终端等多层面进行安全评估,形成评估报告。根据安全评估的结果,提供相应的加固建议和操作指南,指导安全加固,并持续跟踪加固效果。

(3)提供安全培训服务。

根据用户的需求定制开发培训课件,并组织讲师落实信息安全培训。培训内容包括政策法规、安全意识、安全管理、安全技能等。

培训工作需要分层次、分阶段、循序渐进地进行。分层次培训是指对不同层次的人员,如对管理层、信息安全管理人员、信息技术人员和普通人员开展有针对性的培训。

(4)提供专家咨询服务。

安全咨询主要包括两个方面:安全建设规划和安全管理体系。

①安全建设规划。

随着物联网、大数据、云计算等信息技术日新月异，安全漏洞和攻击也层出不穷，未来的信息安全需求一定是动态变化的。而且安全建设是一个庞大的系统性工程，是统筹全局的战略举措，由局部加固到整体保障，由防护数量到防护质量，需要一个逐步细化、量体裁衣、切实可行的安全建设规划。

要对客户安全状况和安全投入进行深入调研，充分考虑未来几年中信息安全的发展趋势，为客户构建完善的信息安全技术、管理、运维体系，使客户的安全基础设施、安全管理水平和安全运营模式保持在合理的水准。

②安全管理体系。

首先，通过了解信息安全现状，确定安全方针和目标；然后，按照信息安全等级保护中安全管理部分的要求，参考国际、国内相关标准规范，结合客户自身的特点、行业最佳实践和监管要求，分析各项差异性，为客户量身定制一套符合其状况的安全管理体系，并辅助实施。具体可包括以下几个方面：

a. 制定安全策略，并根据策略完善相关制度体系。
b. 建立并落实信息安全管理体系（ISMS），提升总体安全管理水平。
c. 建立安全运营管理体系。
d. 结合信息安全建设规划实施。
e. 结合等级保护相关内容实施。

5.5.6 典型实践场景案例

随着高校的发展，校园一卡通作为信息管理的重要系统被引入高校。校园一卡通整合校园各种信息资源，成为校园信息化、校园数字化的重要载体之一，也是学校整体办学水平、学校形象和地位的重要标志。实现校园一卡通后，师生可以方便地进行开门、考勤、就餐、消费、签到、借还书、上机、用水、用电、公共设施的使用等各项活动，使得高校摆脱过去烦琐、低效的管理模式，将校园各项设施和活动连接成一个整体，通过统一平台的运营管理各项数据活动，最大限度地提高管理效率。

校园一卡通系统的主要特点可归结为：一库、一网、多终端。

（1）一库：一个完整的系统可能会包含校园管理的众多子系统，但通过校园一卡通系统的建设可将众多系统归集到一个平台；在同一个平台、同一个数据库下实现各个业务活动流。

（2）一网：系统使用基于现有的局域网、无线网、校园网的统一网络；将多种设备接入，集中控制，统一管理，降低复杂性。

（3）多终端：可在统一认证后在电脑、平板、手机、IC卡等多种终端中使用，尤其随着移动支付的兴起，只需一部手机即可应对所有应用场景，大大地提高了使用便捷性。

校园一卡通的建设为学校和师生带来了极大的便利，但系统中也存有大量如个人信息、学籍信息、教学信息、科研成果信息等核心敏感数据信息。如此大量真实的敏感信息也必然会引起不法分子的注意，试图通过各种途径攫取数据。那么保障系统的安全、合法的访问就尤为重要。

1. 成绩防篡改

校园系统中的学生学习成绩、教师教学评价、科研数据等都是非常重要的数据，在利益的驱使下，外部攻击者或内部人员都可能会侵入系统或违规登录来篡改成绩数据等信息，如通过利用系统 SQL 注入漏洞来获取管理员权限，或内部数据库管理员、应用系统运维人员违规登录后台数据库操作数据，造成数据被篡改，对学校内部教学活动及学校声誉造成严重影响。

根据此类违规活动的特征特点，可以集中数据库防火墙对数据库运维管理系统进行防护。数据库防火墙类产品通常会包含访问控制功能、虚拟补丁、动态脱敏功能，其内置的大量防护规则可对数据库的访问做精细化的访问控制，能对 IP 地址、端口、用户名、对象、操作、时间、结果集等元素进行绑定，从而限制访问。虚拟补丁规则可对利用漏洞发起的攻击进行拦截，如利用某特定版本的漏洞攻击特征的语句进行阻断拦截，避免未安装相应补丁的数据库遭受攻击。动态脱敏可应对运维方的高权限用户的越权访问，如数据库管理员本身拥有很高权限，除了日常的调整优化、故障维护、备份恢复等运维操作，还可能利用职务之便查看敏感信息数据。在应用动态脱敏后，当数据库管理员再发起访问时，可对其执行的语句进行解析，与预订策略进行匹配；如果是非授权访问，将对访问的 SQL 语句进行改写，将数据脱敏后再返回，达到防止越权访问的目的。

2. 敏感信息的爬取

校园系统内的师生敏感数据较多，当前系统一般均配置了审计策略，如数据库审计。当单次访问100条时，会触发审计报警，安全管理员则能及时发现并处理。但随着技术的发展，尤其目前爬虫程序的盛行，数据可能通过少量高频的方式将数据进行爬取汇聚来获得。

针对这类情况，目前一部分数据库防火墙可进行针对频次的防护，即对敏感表或列配置相应频次的防护策略，如10分钟内查询3次则拦截或阻断。但对访问量比较高的情况可能会产生误拦截，导致应用功能异常，此时可以部署 UEBA 类产品。该类产品通过一定周期的智能学习，形成用户行为的访问基线，然后对后续的访问行为与基线进行智能分析比对，对偏离基线的行为进行评分。当偏离越多、越大的时候，评分越低，用户风险则越高。比如用户正常的访问会出现差异，早晨或傍晚的时候访问较频繁，其他时间访问相对较少，而且每次访问的数据量会有差异；而如果是爬虫程序访问时，就可能在某个时间段内一直处于平稳的高频访问，例如每秒100次，且单次访问数据量较少，为9条（假设一个分页为10条）。这种情况仅靠静态规则的数据库审计或防火墙是无法发现的，但是建立基于 UEBA 的访问模型就能发现此类问题。

5.6 "东数西算"数据安全实践

5.6.1 "东数西算"发展背景

"东数西算"中的"数"指数据,"算"为算力,即处理数据的能力。如同农业时代的水利和工业时代的电力,算力是现在数字经济时代的核心生产力,算力的基础设施主要是数据中心。"东数西算"被视为一项国家级系统工程,目的是优化资源配置。

"东数西算"的目标是利用西部地区的算力资源承接东部地区的算力外溢,逐步改善我国数据中心供需不匹配的问题,促进算力的灵活调度,实现资源平衡。

"东数西算"将对产业带来重大影响,"东数西算"的跨区域交互、多业务场景数据调用、数据安全边界模糊等特性会对数据安全管控技术和机制提出全新的挑战。

5.6.2 "东数西算"实践价值

实施"东数西算"工程,推动数据中心合理布局、优化供需、绿色集约和互联互通,具有多方面意义。

一是有利于提升国家整体算力水平。通过全国一体化的数据中心布局建设,扩大算力设施规模,提高算力使用效率,实现全国算力规模化集约化发展。

二是有利于促进绿色发展。加大数据中心在西部布局,将大幅提升绿色能源使用比例,同时通过技术创新、以大换小、低碳发展等措施,持续优化数据中心能源使用效率。

三是有利于扩大有效投资。数据中心产业链条长、投资规模大,带动效应强。通过算力枢纽和数据中心集群建设,将有力带动产业上下游投资。

四是有利于推动区域协调发展。通过算力设施由东向西布局,将带动相关产业有效转移,促进东西部数据流通、价值传递,延展东部发展空间,推进西部大开发形成新格局。

5.6.3 "东数西算"实践内容

"东数西算"全国一体化大数据中心旨在统筹考虑现有基础,搭建跨层级、跨地域、跨系统、跨部门、跨业务的一体化数据信息环境,建立以"数网""数纽""数链""数脑""数盾"为核心的大数据中心一体化平台(图5-10),支撑工业互联网、区块链、人工智能、新能源汽车等重点领域示范应用。

"数网"落实以"东数西算"为目标的数据跨域流通需要在基础设施层面实现电网与数网联通布局。同时,也需要在业务运营层面实现"三网互通",最终形成区域间基础设施和业务准入相互适配、动态直联的布局。

"数纽"为大数据中心提供底层基础支撑环境,为接入大数据中心体系的云平台进行全面的测试和评估,确保接入的云平台性能稳定、可靠、安全,为大数据中心的数据跨域请求、全域融合、综合应用等能力的形成提供支持保障。

"数链"提供数据支撑与服务能力,提供数据供应链通用支撑服务、数据组织关联服务、数据要素流通服务及数据要素化支撑服务。实现基于动态本体、属性关联的方法论,一体化推进数据采集、汇聚、组织管理体系建设,筑牢大数据资源基础,完善数据治理体系。面向市场需求,实现基础信息登记、权力主体识别和权力内容分类等功能,面向数据组织关联、数据要素流通、数据要素化支撑平台建设中的数据清洗及综合治理、数据质量评估、"数据不见面、算法见面"模式下的通用功能,提供共性技术支撑。

图 5-10 大数据中心一体化平台

"数脑"提供决策分析服务,在"数纽""数链""数盾"成果进行综合性集中可视化展示基础上,提供综合展示、科学决策、协同治理新格局。

"数盾"提供安全防护保障能力,为"数纽""数链""数脑"等提供认证、脱敏、加密、代理及可信接入等安全保障服务。数盾依托大数据中心网、云、数、应用及场地相关基础设施,通过对"数网""数纽""数脑"日志、流量采集进行数据安全审计、异常行为分析、漏洞管理、威胁管理安全数据分析、数据安全预警等,实现大数据中心数据安全运营管理。通过漏洞扫描、敏感数据发现、数据脱敏、水印溯源、数据加密、敏感数据分类分级等，实现数据安全流转及监测安全管理，提高大数据中心敏感及隐私数据安全管理能力。通过身份安全与访问控制基础设施系统为大数据中心各应用系统提供统一账号管理、统一认证管理、统一授权管理和统一访问控制。

第 6 章 数据安全技术原理

前面详细介绍了数据安全的常见风险、数据安全常用技术框架、产品技术层面的最佳实践、代表性行业的案例等。构建实战化落地的数据安全能力，离不开基础的数据安全技术；同时，了解一些数据安全技术的原理，也能规避一些项目建设过程中的风险。本章从技术原理层面较为深度地讲解数据安全技术。

6.1 数据资产扫描（C）

6.1.1 概况

数据资产扫描广义上包含了数据资产嗅探、数据风险检测扫描、数据结构扫描等技术。

1. 数据资产嗅探

数据资产嗅探解决的问题是，尽可能全面地向用户呈现各主机端口下的不同数据资产的分布情况。数据资产嗅探需做到自动发现数据库的功能，也可以指定 IP 段和端口的范围进行指定搜索。能够自动发现数据的基本信息包括：端口号、数据库类型、数据库实例名、数据库服务器 IP 地址等，最后得到数据资产的分布，如图6-1所示。

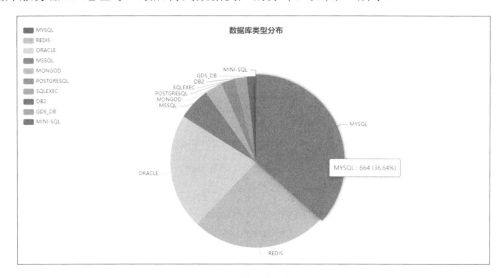

图 6-1 数据类型分布

需要指出的是，有些端口的扫描将会非常耗时，需要在技术上做一些优化才能较好完成任务：例如设置好断点执行任务的机制、自动拆解地址段并行等。在配置扫描任务时，尽可能指定较准确的端口范围（尽可能避免对全端口的扫描），设置合理的超时时间——用可配置化的超时时间参数来平衡扫描结果的覆盖率与扫描耗时。

2. 数据库风险检测扫描

数据库风险扫描主要基于当前数据库的类型、版本等信息。

针对数据库漏洞风险与日俱增的情况，会出现大量漏洞修复不及时或者由于怕影响业务而不敢修复的现象。数据库漏洞如图6-2所示。

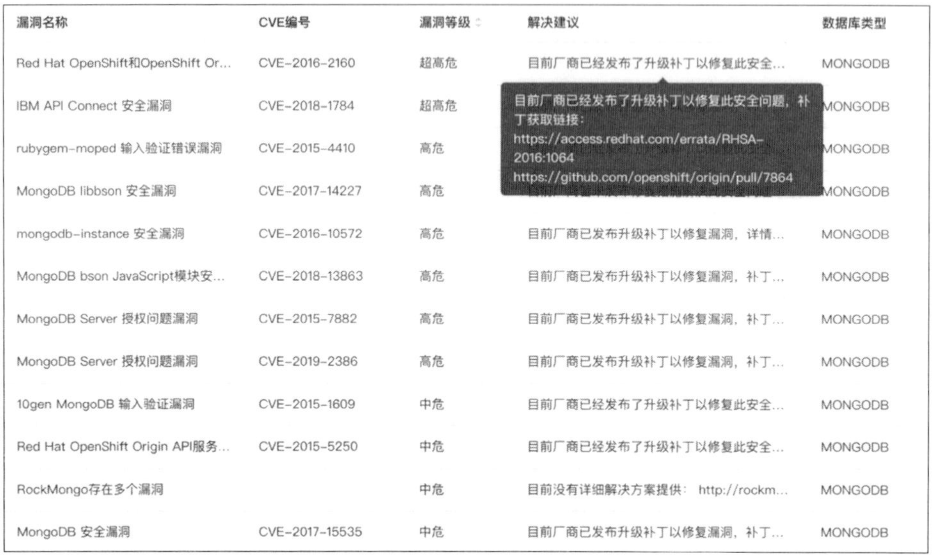

漏洞名称	CVE编号	漏洞等级	解决建议	数据库类型
Red Hat OpenShift和OpenShift Or...	CVE-2016-2160	超高危	目前厂商已经发布了升级补丁以修复此安全...	MONGODB
IBM API Connect 安全漏洞	CVE-2018-1784	超高危		MONGODB
rubygem-moped 输入验证错误漏洞	CVE-2015-4410	高危		MONGODB
MongoDB libbson 安全漏洞	CVE-2017-14227	高危		MONGODB
mongodb-instance 安全漏洞	CVE-2016-10572	高危	目前厂商已发布升级补丁以修复漏洞，详情...	MONGODB
MongoDB bson JavaScript模块安...	CVE-2018-13863	高危	目前厂商已发布升级补丁以修复漏洞，补丁...	MONGODB
MongoDB Server 授权问题漏洞	CVE-2015-7882	高危	目前厂商已发布升级补丁以修复漏洞，补丁...	MONGODB
MongoDB Server 授权问题漏洞	CVE-2019-2386	高危	目前厂商已发布升级补丁以修复漏洞，补丁...	MONGODB
10gen MongoDB 输入验证漏洞	CVE-2015-1609	中危	目前厂商已经发布了升级补丁以修复此安全...	MONGODB
Red Hat OpenShift Origin API服务...	CVE-2015-5250	中危	目前厂商已经发布了升级补丁以修复此安全...	MONGODB
RockMongo存在多个漏洞		中危	目前没有详细解决方案提供：http://rockm...	MONGODB
MongoDB 安全漏洞	CVE-2017-15535	中危	目前厂商已发布升级补丁以修复漏洞，补丁...	MONGODB

图 6-2　数据库漏洞

3. 数据库结构扫描

数据库结构扫描，即获取指定数据库中的表结构、表注释、字段名、字段注释、字段内容等。这是我们深入获取数据库信息的必要手段，也是数据分类分级等工作的前提条件。

6.1.2　技术路线

我们可以通过使用一些开源的数据资产嗅探工具来完成数据库扫描的任务。常见的嗅探工具有 Network Mapper（简称 Nmap）、Zmap、Masscan 等，下面我们以 Nmap 为例，介绍其工作原理。

Nmap 的执行流程（图6-3）的主循环会不断进行主机发现、端口扫描、服务与版本侦测、操作系统侦测这四个关键动作。在数据安全实践中，我们主要利用其主机发现和端口扫描的能力来定位数据资产。

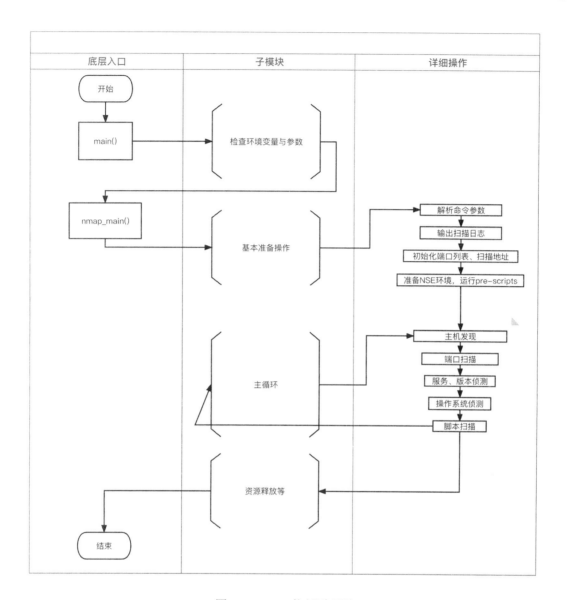

图 6-3 Nmap 执行原理图

Nmap 会使用基于 ARP、ICMP、TCP、UDP、SCTP、IP 等协议的方式进行主机发现。以地址解析协议（Address Resolution Protocol，简称 ARP）为例，Nmap 向所在网段请求广播，通过是否在指定时间内收到 ARP 响应，来确认目标主机是否存活。

我们还可使用 Nmap 的版本侦测能力来定位相应的数据库漏洞，然后再借助虚拟补丁技术来进行修复。虚拟补丁技术基本原理如图6-4所示。

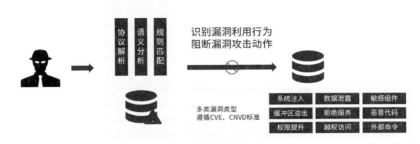

图 6-4　虚拟补丁技术基本原理

基线配置检测也是数据库风险检测扫描的重要一环。

它包括常规安全项的检查：数据库是否允许本地未授权登录、密码过期警告天数不合规、未配置密码复杂度策略、存在不受 IP 地址限制的账号、存在默认管理员账号，也包括动态的数据库权限监控，要求系统定期扫描并且比对每一次扫描结果，数据库账号的权限变动情况。另一个需要提及的技术点则是弱口令检测，简而言之它意味着维护一个弱口令库，扫描的过程即为模拟"撞库"行为。

在数据库结构扫描技术上，朴素的方式即采用数据库自带的函数获取表名、表注释、字段名、字段注释等信息。广义的数据库结构扫描还包括字段内容的获取。

朴素的方式是用简单随机抽样来完成字段内容的获取。然而，在遇到一些行数非常多的大数据表时，直接处理会带来非常大的性能损耗。一种可行的处理方式是先获取一个数据子集（如选取 limit = 1000），再在这个子集当中进行随机抽样。但这样做也存在一定的弊端。例如，这种方式无法抽样到数据表中靠后的数据，对数据分布的反应是不够准确的。因此，是否采用这一方案，需要综合考虑数据扫描后的用途、用户对扫描时间的敏感程度、用户对数据分布要求等各种综合因素。

另外，在抽样过程中往往不可避免地会遇到空值。大部分情况下排除空值会更符合实际用途。但如图6-5所示，将空表、空值、抽样策略等参数给到用户，作为可选项并附加默认推荐值，往往是更优的做法。

图 6-5　数据扫描任务配置

6.1.3 应用场景

数据库扫描的应用主要存在于以下场景。

（1）由于数据库的类型与数量庞杂，或因存在较多数据迁移历史，难以了解自身数据资产全貌。

（2）由于业务变动频繁，需要准实时监测数据内容与数据库结构变动，或需在监测的基础上进一步开展数据安全工作（例如，数据分类分级、数据脱敏、数据访问控制等）。

（3）当前数据库未进行定期维护，现需要系统性对数据库漏洞、基线、弱口令等问题进行修复。

6.2 敏感数据识别与分类分级（A）

6.2.1 概况

敏感数据识别与分类分级是数据安全的核心内容，通过对不同类型的数据进行甄别，识别其中存在的敏感数据并对其进行分类定级处理，使得数据安全治理不再是"眉毛胡子一把抓"的混沌状态，为针对性地对不同类别、不同级别的数据提供不同程度的安全防护提供依据。

"数据分类"围绕的是如何根据行业数据资源的属性或特征，将其按照一定的原则和方法进行区分和归类，并建立规范的分类体系和排列顺序；"数据分级"则围绕如何按照数据的重要程度对分类后的数据进行定级，从而为数据的开放和共享安全策略提供支撑。数据的分级结果通常无法孤立于分类结果而直接由算法模型得出，而是根据数据的分类结果来确定。因此数据分类技术是我们在此讨论的重点。在数据分类技术当中，可以细分为"敏感数据识别"与"模板类目关联"。而"相似数据聚类"则作为前两者的补充。

（1）敏感数据识别。

敏感数据识别即对数据的"业务属性"做出的划分。需要知道这个数据描述的是什么，如是姓名？是性别？还是手机号、IP地址？或者我们只能做出意义宽泛的识别，例如，是整数？是浮点数？还是英文字母？

（2）模板类目关联。

模板类目关联指的是将识别得到的"业务属性"数据，划分到某个具体分类分级树形结构的叶子节点的过程。

不存在一种通用的标准和方法用于设计数据安全分类分级模型，并定义数据安全分类分级类别。随着《中华人民共和国数据安全法》的正式实施，许多地方、行业都出台了行业相关的数据分类分级指南，指出了所在行业的数据分类分级工作应当遵守的规范与原则，并且给出了分类分级示例。在此基础上进行扩展，我们就得到了不同的"模板类目"。图6-6展示的是金融行业的分类模板树形结构。

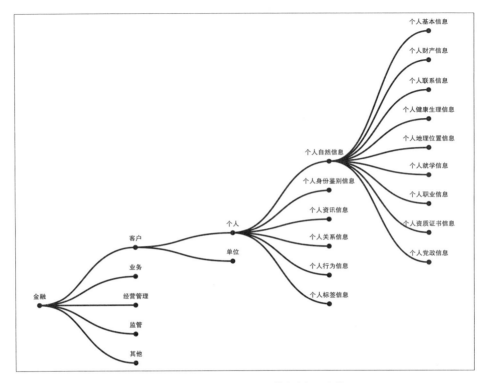

图 6-6　金融行业的分类模板树形结构

以金融行业为例,在金融业务的某个库表中,我们通过"敏感数据识别",已知某个字段描述的业务属性为"姓名"。为了完成完整的分类分级,需要进一步明确:它是"经营管理—营销服务—渠道信息—渠道管理信息"分类下的"渠道代理人姓名",还是"经营管理—综合管理—员工信息——一般员工信息(公开)"分类下的"员工姓名",抑或是其他类型的姓名。

6.2.2　技术路线

1. 敏感数据识别

敏感数据识别旨在发现海量数据中的重要数据,为后续数据分类分级奠定基础。企业中存在相当一部分临时表、历史开发表,这些表可能存在建表不规范,元数据缺失等问题。因此在技术层面,我们基于数据内容来进行识别。常用的敏感识别模型有以下几种。

(1) 基于正则表达式的模型。此类模型用于识别特征明显的敏感数据,如手机号、MAC地址等。技术难点在于如何尽可能地兼容复杂情况。以手机号为例,是否以+86开始、是否包含各个电信运营商的最新号段、是否包含虚拟号等,都会影响敏感数据识别的最终效果。

(2) 基于字典匹配的模型。此类模型用于识别国籍、民族等枚举字段。字典匹配的技术实现看似简单,但在实践中为了取得较高准确率,往往需要附加额外的逻辑。例如,我们以血型来举例,常见血型可以通过字典枚举 A、B、O、AB 等进行判断,但实际数据情况是：如果某字段内容仅包含3个字母：大量的 A、B 和少量的 C，那么它极有可能只是在描述一个具有三种状态的枚举值（可能是被脱敏处理后得到的），而不是在描述血型。在这种情况下，需要我们在字典算法基础上嵌套一个合理的损失函数来进行训练，从而得到更为客观的置信度，最终判断该字段是否代表血型。

（3）基于机器学习、命名实体识别（Named Entity Recognition，简称 NER）的模型。此类模型用于识别姓名、地址等包含文本信息的字段。基于主题挖掘和文本分类、聚类等技术，可对大段文本信息进行识别和分类，如：合同、专利等；此外，添加相关的正则、字典，以及训练特定的智能分类模型，也可完成对指定数据内容的识别。

在技术层面，我们需要解决的另一个问题是在识别的时候如何获取高质量的数据。如果直接在数据库中选择若干行数据，很容易获取到连续的空值或是脏数据，进而影响模型的识别效果。一种解决思路是，在选择逻辑的外层嵌套一个循环，循环结束条件是对当前样本中数据随机性、脏数据比例的评估。如果采样数据不符合评估要求，则会剔除低质量数据并继续循环直到获取到足够的高质量数据。这个边界条件对"足够"的判断也需要结合当前库表中的整体数据量。例如，相比于1万行的数据表，当我们处理一个100万行的数据表时，则需要获取更多数据内容，才能保证相同的数据精度。

当然，这种采样处理方式意味着扫描性能的急剧下降，在实践中必须综合考虑性能和精度。

2. 模板类目关联

仅通过敏感数据识别的技术手段搞清楚了某张表的某个字段描述的是"地址"，是远远不够的。在新的监管要求下，我们只有搞清楚了这个"地址"，将其明确划分为"用户身份数据-用户身份和标识信息-用户私密资料-用户私密信息"类别，并指定为3级数据，才真正意义上完成了对这一敏感数据的分类分级工作（图6-7）。

一级子类	二级子类	三级子类	四级子类	类别	识别字段	数据级别
用户身份数据	用户身份和标识信息	用户私密资料	用户私密信息	用户身份数据-用户身份和标识信息-用户私密资料-用户私密信息	种族	3
用户身份数据	用户身份和标识信息	用户私密资料	用户私密信息	用户身份数据-用户身份和标识信息-用户私密资料-用户私密信息	家属信息	3
用户身份数据	用户身份和标识信息	用户私密资料	用户私密信息	用户身份数据-用户身份和标识信息-用户私密资料-用户私密信息	地址	3

图 6-7 电信行业数据分类分级模板类目示例

除了图6-7中电信行业的例子，我们也可在金融行业中阐述这一过程。假定我们采用同一敏感数据识别模型对"姓名"完成了识别，并已取得预期的覆盖率与准确率，那么在接下来的"模板类目关联"中，则需要区别"个人基本信息-姓名""单位联系信息-联系人""企业工商信息-企业法人"等，并赋予它们不同的数据级别（图6-8）。

分类模版	类别	类别编码	敏感项	数据级别
行业-金融	客户-个人-个人自然信息-个人基本信息	A-1-1-1	姓名	3
行业-金融	客户-单位-单位基本信息-单位联系信息	A-2-1-4	联系人	2
行业-金融	客户-单位-单位资讯信息-企业工商信息	A-2-3-4	企业法人	1

图 6-8　金融行业涉及"姓名"的多个类别信息

这里的技术要点就是,我们需要用准确而通用的业务规则来处理获取到的元数据信息。敏感数据识别元数据被定义为描述数据的数据,是对数据及信息资源的描述性信息,包括数据库中数据表和字段的名称、注释、类型等。

我们仍以姓名举例:"员工姓名"与"客户姓名"的敏感数据识别结果均为"姓名"(已通过前文所述 NER 等算法完成识别),但他们处于不同的类别。为了准确进行区分,我们利用表名、表注释、字段名、字段注释,甚至是同表中其他字段的元数据信息,判断是否出现了类似 employee(雇员)、customer(客户)等类目的关键词,从而自动完成模板类目绑定。当然实际情况会更加复杂,注释填写不规范或者填写内容是拼音缩写等难以解析的情况也屡见不鲜,需要我们具体情况具体分析。

3. 相似数据聚类

在一般情况下(理想的实验室条件除外),难以通过全自动的算法模型直接完成完整的数据分类分级流程。在实际情况中,总存在着相当部分的重要数据表等文件未分类,此时,需要用户手动指定数据分类与分级。

针对这一类的"手动梳理"工作,为了提高人工梳理效率及最终的分类分级准确度,一套可行的技术方案是使用聚类算法:提供相似表、相似文件的聚类功能,辅助用户批量完成数据的分类分级,如图6-9所示。图中以相似表的聚类为例(其中表簇的定义为彼此相似的表组成的簇)。

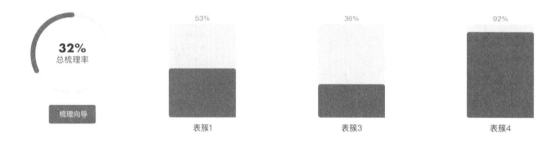

图 6-9　基于聚类算法辅助用户批量完成分类分级

该技术要点在于,明确如何界定同一个表簇、同一个字段簇(彼此相似的字段组成的簇),在此基础上如何给向导辅助用户按照某个顺序来进行手动分类分级。

6.2.3 应用场景

（1）高机密性数据需采用特别安全措施的场景。前提就是要对数据进行全面的分类分级，明确哪些数据的分级达到需采用特别安全措施的要求，消除盲区，避免遗漏。

（2）需要对数据的使用条件进行约束，并达到监管要求的场景。在数据分类分级的结果基础上规定数据是否允许共享、是否允许出境等。

（3）完成敏感数据识别的数据可以直接套用既定的脱敏规则，避免逐个任务都需脱敏参数配置的烦琐工作。

6.3 数据加密（P）

6.3.1 概况

密码技术是信息安全发展的核心和基础。近年来，国家高度重视商用密码工作，先后发布众多政策法规、采取重大举措，以促进商用密码的推广普及、融合应用。在数字经济高速发展过程中，密码的应用除了合规，对实战应用提出了更高要求，密码技术已逐步实现自主可控，密码产业已形成坚实发展基础，并步入创新协同、高质量发展的快车道。

数据是信息系统的核心资产，政府机关、企事业单位的大部分核心数据是以结构化形式存储在数据库中的。数据库作为核心数据资产的重要载体，一旦发生数据泄露必将造成严重影响和巨大损失。数据安全的重要性已经受到越来越多的关注和重视。当前数据库外围的安全防护措施能在很大程度上防止针对数据库系统的恶意攻击，但核心数据的安全存储和安全传输至关重要。必须确保即便在数据库系统被攻陷或者存储介质被窃取等极端情况下，存储在数据库中的核心数据仍将得到有效保护。数据库加密系统在这些需求中便应运而生。

数据库加密系统是一款基于加密技术和主动防御机制的数据防泄露系统，能够实现对数据库中的敏感数据加密存储、访问控制增强、应用访问安全、安全审计等功能。由于数据库的特殊性，经过多年的产品演进，数据库加密系统从加密细粒度上可分为列级别加密、表（空间）级别加密、数据文件级别加密；从应用改造程度上又分为透明加密和非透明加密两种，此处仅讨论透明加密方式。

6.3.2 技术路线

本小节介绍几种主要的数据加密方式：网关代理加密方式、UDF自定义函数加密方式、表空间数据加密（TDE）方式、文件层加密方式。

1. 网关代理加密方式

采用此方式的产品通常是将数据加密代理平台部署在数据库前端，一般为应用终端或访问链路中。平台对SQL语句进行拦截并进行语法解析，形成SQL抽象语法树，如图6-10

所示，然后对需要加密/解密的部分进行改写。对需要加密的数据做加密处理后存入数据库，数据以密文形式存储在数据库内，且数据与密钥相互独立存储，保证了数据的安全性。

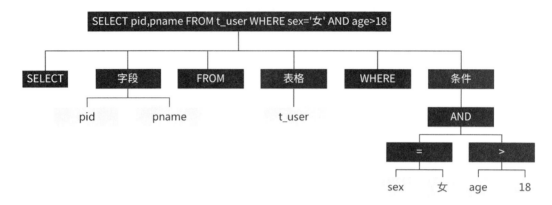

图 6-10　SQL 抽象语法树

该方式与应用系统存在一定程度的解耦，部署灵活性较高，既可以避免应用系统的大幅改造，也可以保证数据加密的快速实施。但这种部署模式存在的主要问题是其部署在访问链路中不可被绕过，一旦加密设备出现故障，易导致密文数据无法解密。因此，需要依赖高可用能力，有效降低单点故障风险，提升稳定性。该部署模式的另一个优点是可支持的数据库类型较多，且较容易支持国产加密算法及与第三方 KMS 的对接。

另外由于该平台部署在数据库服务器前，所有访问都流经加密设备，所以可以对敏感数据的访问进行细粒度控制，提供"加密入库，访问可控，出库解密"的效果，从而保证数据的安全存储，访问可控。网关加密数据访问流程如图6-11所示。

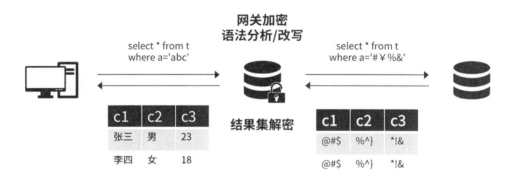

图 6-11　网关加密数据访问流程示意图

但该方案也并非完美，一是对部分数据库私有通信协议的解析和改写有可能面临破坏软件完整性的法律风险；二是对协议的解析技术要求很高，尤其对复杂语句的解析及改写，存在解析不正确或不能解析的可能，而加密数据无法读取可能导致应用系统运行异常或数据一致性被破坏；三是用此类方式加密以后一般只能对密文字段进行等值查询，不支持大于、小于、LIKE 等范围查询，限制较大；四是如果数据库访问压力很大，加密设备性能很容易造成瓶颈；五是数据膨胀率大，通常会达到原大小的数倍甚至数十倍，同时对存量数据的加密时长较长，容易造成较长的业务停机时间，与加密的数据量有关。

2．UDF 自定义函数加密方式

采用此方式的产品多利用数据库扩展函数，以触发器+多层视图+密文索引方式实现数据加密/解密，可保证数据访问完全透明，无须应用系统改造，同时保证部分数据使用场景的性能损耗较低。User Defined Function（简称 UDF）自定义函数加密示意如图6-12所示。

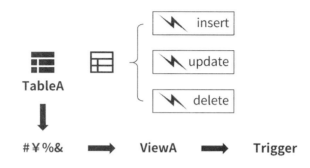

图 6-12　UDF 自定义函数加密示意图

写入数据时，通过触发器调用 UDF 加密函数将数据加密后写入数据库；读取数据时，通过在视图内嵌 UDF 解密函数实现数据的解密返回。同时，在 UDF 加密/解密函数内可添加权限校验，实现敏感数据访问的细粒度访问控制。UDF 自定义函数加密数据访问流程示意如图6-13所示。

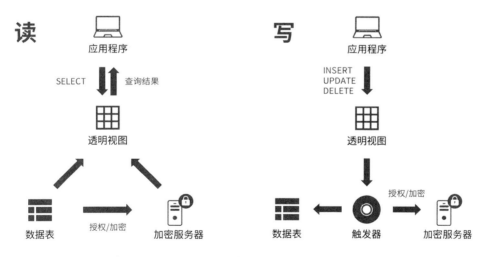

图 6-13　UDF 自定义函数加密数据访问流程示意图

此类产品主要应用在列级加密，且加密列数较少的情况，即保证基本的敏感信息进行密文存储，减少了加密量。加密膨胀率取决于加密列数的多少，且较容易支持国产加密算法及第三方 KMS 的对接。此方式对于存量数据加密时间较长，容易造成较长的业务停机时间（可通过先对备数据库加密，然后切换后再对主数据库做加密），但支持的数据库类型较多。由于每种数据库的编程语法不同导致程序通用性差，且受数据库自身扩展性的影响，密文索引功能通常仅极少的数据库（如 Oracle）支持，实现难度又较大，所以通常此类加密方式适用于密文列不作为查询条件、基于非密文字段为查询条件的精确查找，以及密文列不作为关联条件列的情况，使用时有较多限制。

3. 表空间数据加密（TDE）方式

表空间数据加密（Tablespace Data Encryption，简称 TDE）是在数据库内部透明实现数据存储加密和访问解密的技术，适用于 Oracle、SQL Server、MySQL 等默认内置此高级功能的数据库。数据在落盘时加密，在数据库被读取到内存中是明文，当攻击者"拔盘"窃取数据时，由于无法获得密钥而只能获取密文，从而起到保护数据库中数据的效果。除对 MySQL 一类开源数据库进行开发改造外，通常情况下此类方式不支持国产加密算法，但可通过 HSM 方式支持主密钥独立存储，保证密钥与数据分开存储，从而达到防止"拔盘"类的数据泄露情况。表空间数据加密示意如图6-14所示。

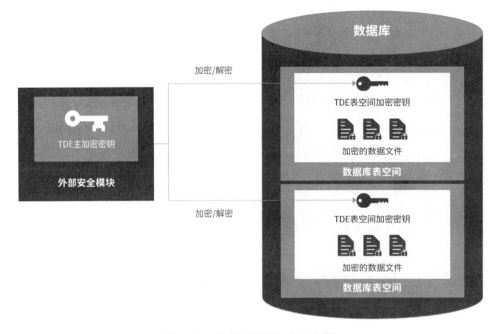

图 6-14　表空间数据加密示意图

TDE 表空间方式可实现数据加密的完全透明化，无须应用改造，对于模糊查询、范围查询的支持较好，且性能损坏很低，如在 Oracle 通常场景下损耗小于10%。但此类方式适用的数据库较少，且需要较高版本。敏感数据的访问控制通常由数据库本身执行，粒度较粗，且无法防控超级管理员账号。如需增强访问控制需添加额外控制类产品，如数据库防火墙。

4．文件层加密方式

此类方式多为在操作系统的文件管理子系统上部署扩展加密插件来实现数据加密。基于用户态与内核态交付，可实现"逐文件逐密钥"加密。在正常使用时，计算机内存中的文件以明文形式存在，而硬盘上保存的数据是密文。如果没有合法的使用身份、合法的访问权限及正确的安全通道，加密文件都将以密文状态被保护。文件层加密示意如图6-15所示。

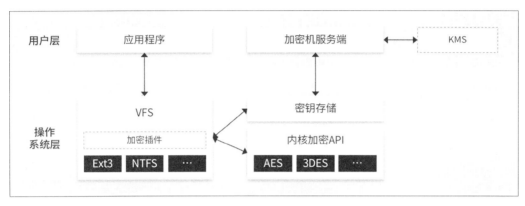

图 6-15　文件层加密示意图

文件层加密方式与TDE方式类似，该方式性能损耗低，数据无膨胀，无须应用系统改造，可支持国密及第三方KMS，只是加密移到了文件系统层，从而可以支持更多的数据库类型，甚至可支持Hadoop等大数据类组件。

但此方式通常缺乏对密文的独立权限控制，当用户被授予表访问权限后即可访问全部敏感数据。加密时需要对整个数据文件加密，加密数据量大，且加密效果不易确认。

加密方式综合对比如表6-1所示。

表6-1　加密方式综合对比

产品	原理	缺点	优点	适用场景
网关加密	以前置代理模式部署在客户端和数据库服务器之间,所有数据访问流经网关处理,处理过程中将语句中敏感信息加密改写,将结果集进行解密返回给客户端/应用,例如:insert 'aaa' 改写成 insert '#¥%'	1.所有数据流量都经网关处理，影响大 2.密文列不支持范围查询，只支持等值比较 3.密文列不支持关联字段，如where A 表.name=B表.name 4.密文列不支持运算，如sum（密文列） 5.数据空间膨胀率大	1.直接改写SQL语句，不依赖具体数据库 2.业务连接代理IP和端口 3.加密效果显而易见 4.可支持{国密}等扩展算法 5. 可支持第三方KMS	1.对敏感数据的使用很明确 2.敏感字段只有等值操作 3.密文列无运算操作 4.密文列不作为关联条件 5.数据量较少，建议千万以下

(续表)

产品	原理	缺点	优点	适用场景
表空间数据加密	利用数据本身表空间/库加密的特性,在操作上进行产品化,使其原有的命令行操作转变为图像界面操作,降低使用者技术门槛	1.确认加密效果不直观,一般直接查看数据文件 2.不支持针对密文的独立权限控制 3.不支持国产加密算法 4.不支持第三方 KMS	1.加密/解密速度快,性能损失10%以内 2.加密机宕机,业务不影响 3.无须业务改造 4.数据无膨胀	1.数据量大,对性能要求高 2.不清楚敏感信息的具体使用 3.无国密要求 4.无权控要求
UDF加密	利用触发器+视图+队列的后置代理模式,设置加密后,写入数据由触发器将明文写入密文表,然后由队列任务按批次更新成密文	1.当密文列作为 where 的条件时,性能差 2.当对密文列进行统计或命中大批量数据时性能较差 3.数据空间膨胀大	1.加密效果显而易见 2.无须业务改造 3.密钥与数据独立存储	1.密文列不作为查询条件 2.对敏感列的使用很明确:无统计操作,命中数据量较小 3.数据量较少,建议千万以下
文件加密	基于操作系统文件层的加密,可对指定的文件进行加密	1.加密效果不易确认 2.整改文件加密,加密数据量大 3.无法直接对数据库用户进行权控	1.透明性好,无须应用改造 2.性能损耗低 3.兼容性高	1.对性能要求高 2.模糊查询、统计、无法评估敏感字段的使用方式 3.无权限控制要求

6.3.3 应用场景

数据库加密产品用来解决一些常见的数据泄露问题,比如防止直接盗取数据文件、高权限用户或者内部用户直连数据库对数据进行窃取等。数据库加密产品利用独立于权限管控体系的加密方式实现防护。

(1) 明文存储泄密。

若敏感信息集中存储的数据库因为历史原因导致无防护手段或者防护手段过于薄弱,那么攻击者就有可能将整个数据库拖走,以明文方式存储的敏感信息就会面临泄露的风险。此时使用数据库加密系统就可以对这样的敏感信息进行加密,将敏感明文数据转化为密文数据存储在数据库中。这样即使发生了数据外泄的情况,对方看到的将是密文数据。破解全部密文信息或者从中找到有价值的数据是一件极为困难的事情。

(2) 高权限或者内部用户对数据进行外泄。

由于工作性质的原因,一些岗位例如运维人员、外包人员可以接触到敏感数据,这就意味着存在数据泄露或被篡改的风险。一旦发生这些情况,很可能会直接影响业务的正常运转,会导致商业信誉受损或造成直接的经济损失。此时使用数据库加密系统的权限控制体系,可以防止高权限的管理人员或者内部人员对数据进行非法篡改或者获取敏感数据,保证敏感数据在未授权的情况下无法访问。

(3)外部攻击。

数据库由于系统的庞大和复杂，会存在一些持续暴露的高危漏洞，这些漏洞一旦被利用，黑客便很容易窃取到敏感数据。由于漏洞的存在很可能是普遍的、长期的，因此，一个安全健康的数据库就需要另一道防线来抵御因漏洞问题导致的权限失控的风险。此时使用数据库加密系统可构建独立于数据库权限控制的密文权限控制体系。此时即便因为漏洞等原因导致数据库权限控制体系被突破，也无法获得敏感数据。数据库加密系统还可提供安全审计功能，对访问敏感信息的行为进行审计，可以对异常访问行为进行事后溯源。

6.4 静态数据脱敏（P）

6.4.1 概况

数据脱敏是指对某些敏感数据通过脱敏规则进行数据变形，实现敏感数据的可靠保护。在涉及客户安全数据或者一些商业性敏感数据的情况下，在不违反系统规则的条件下对真实数据进行改造并提供测试使用，如身份证号、手机号、卡号、客户号等个人信息都需要进行数据脱敏。

一般来讲，在完成敏感数据发现之后，就可以对数据进行脱敏。目前业界中有两种脱敏模式被广泛使用：静态脱敏和动态脱敏。两者针对的是不同的使用场景，并且在实施过程中采用的技术方法和实施机制也不同。一般来说，静态脱敏具有更好的效果，动态脱敏更为灵活。

静态数据脱敏的主要目标是对完整数据集中的大批数据进行一次性全面脱敏。通常，根据适用的数据脱敏规则并使用类似于ETL技术的处理方法对数据集进行标准化。通过制定最优的脱敏策略，可实现在根据脱敏规则降低数据敏感性的同时，减少对原始内部数据和数据集统计属性的破坏，并保留更多有价值的信息。图6-16给出了一种常见的静态脱敏流程的示意图。

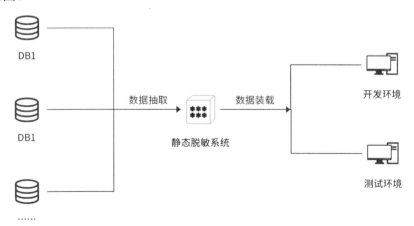

图6-16 静态脱敏流程

如图6-16所示，静态数据脱敏系统直接将生产环境（图6-16左侧）和开发测试环境连接，将待脱敏的数据从生产环境抽取进入脱敏系统内存中（不落盘），然后将脱敏处理后的数据直接写入目的环境中。如图6-16中，将脱敏后的数据写入开发及测试环境中。特别注意，在此过程中如果存在源目数据库异构的问题，则需要特殊处理，例如生产库为Oracle，脱敏数据写入的测试库为MySQL的情况。

6.4.2 技术路线

1. 常用脱敏方式

在传统的数据脱敏任务中，有以下常用脱敏方法。

（1）置空/删除。

直接将待脱敏的信息以填充空字符或者删除的形式抹除。这种方式是最彻底的脱敏方式，但数据也丧失了脱敏后的可用性。

（2）乱序。

在结构化数据（例如数据库）中颇为常用。对于待脱敏的列，不对列的内容进行修改，仅对数据的顺序进行随机打乱。除了这种简单方式，在某些强调分析的场景中，还需要保留不同列的关联关系，例如身份证号、年龄、性别等列，此时就需要多列同步进行打乱。乱序可以大规模保证部分业务数据信息（例如正确的数据范围、数据的统计属性等），从而使非敏感数据看起来与原始数据更加一致。乱序方法通常适用于大型数据集需要保留数据特征的场景。它不适用于小型数据集，因为在这种情况下，可以使用其他信息来恢复乱序数据的正确顺序。

（3）遮蔽。

保留数据中一些位置上的信息，对于敏感位置的信息使用指定的字符进行替换，例如将身份证号里的出生日期信息进行遮蔽，110101190202108616→11010xxxxxxxx8616（注意该身份证号为编造数据，仅作示例展示使用，若有雷同纯属巧合）。这种方法可以保持数据的大致形态，同时对关键细节进行藏匿，简单有效，被广泛使用。

（4）分割（又叫截断）。

保留数据中一些位置上的信息，对于敏感位置的信息进行删除。例如：浙江省杭州市滨江区西兴街道联慧街188号→浙省杭州市。

注意分割与遮蔽虽然都是对关键位置信息的处理，但是相较于分割，遮蔽的方式仍保留了关键数据的位置及长度信息。

（5）替换。

替换是用保留的数据完全替换原始数据中的敏感内容的方法。使用此方法，受保护数据无法撤销，并且无法通过回滚来恢复原始数据以确保敏感数据的安全性。替代是最流行的数据脱敏方法之一。具体方法包括固定值替换（用唯一的常数值替换敏感数据）、表搜索和替换（从预置的字典中使用一定的随机算法进行选择替换）、函数映射方法（以敏感数据作为输入,经过设计好的函数进行映射得到脱敏后的数据)。在实际开发中,应根据业务需求和算法效率来选择替代算法,尽管替代方法非常安全,但替代数据有时会失去业务含义,且没有分析价值。

(6)取整。

对数值类型和日期时间类型的数据进行取整操作。例如数值:99.4→99,时间:14:23:12→14:00:00。此外取整操作还可以针对区间进行,例如可将99.4取整至步长为5的区间中,则取证后的数值为95。这种方法在一定程度上可以保留数据的统计特征。

(7)哈希编码。

将哈希编码后的数据作为脱敏结果输出,例如123 → 40bd001563085fc35165329ea1ff5c5ecbdbbeef。该方法可以较好地达到脱敏的目的,但是脱敏后的数据也面临着不可用的问题。

(8)加密。

加密分为编码加密和密码学加密,其中编码加密使用编码方式对数据进行变换。编码方式可以为gbk和utf-8等,例如数据"安全"→%u 5B89%u 5168。密码学加密可细分为对称加密和非对称加密,在脱敏中常用对称加密。常见的对称加密方式有DES和AES等。这些方法同时也关注到了数据的可还原性,即可以通过密钥等方式获取原始数据。由于其可逆性,加密方法将带来一定的安全风险(密钥泄露或加密强度不足会导致暴力破解)。具有高加密强度的加密算法通常具有相对较高的计算能力要求,并且它们在大规模数据上需要消耗很大的计算资源。通常,加密数据和原始数据格式是完全不同的,并且可读性很弱。保留数据个数加密技术可以在保留数据格式的同时对数据进行加密,加密强度相对较弱,是脱敏应用中常用的加密方法。

2. 保留数据格式的方法

除了以上常用方法,在实际的测试场景中,用户更希望在剔除敏感信息的同时仍保留数据的可读性和业务含义。这里的可读性指的是脱敏后的数据仍可以直观理解,例如数据12经过脱敏后为34,同为可直观理解的数字,而非类似加密之后的未知含义字符串;而保留业务含义的最简单理解为脱敏后的数据仍符合原始数据的字段核验规则,例如身份证号经过脱敏之后仍可以通过身份证号的核验规则。表6-2和表6-3给出一个保留数据格式的脱敏前后的数据样例。

表 6-2 脱敏前

Id	姓名	性别	年龄	手机号
1	张三	男	23	14250907669
2	李四	女	34	15421712547

(注意该手机号为编造数据,仅作示例展示使用,若有雷同纯属巧合。)

表 6-3 脱敏后

Id	姓名	性别	年龄	手机号
1	张尊	男	20	14250903456
2	李华	女	30	15421713223

（注意该手机为编造数据，仅作示例展示使用，若有雷同纯属巧合。）

通过对比脱敏前后的数据可以看出：脱敏后的数据将保留原始数据格式，但实际信息将不再存在。尽管名称和联系信息看起来很真实，但它们没有任何价值，并且可以通过系统数据格式的校验，在测试系统时可以很好地模拟真实情况下的数据。

为了满足保留数据可读性和业务含义的需求，业内出现了一些保留数据格式的脱敏处理方式。

（1）通用处理方式。

若忽视字段的业务含义，仅将数据当作字符串处理，则通用处理方式可理解为：原来是什么数据类型，脱敏之后仍为什么数据类型。例如：123abc%#$→456def!@&，在本例中，数字脱敏为数字、字母脱敏为字母、符号脱敏为符号。

（2）考虑业务含义。

若考虑到业务含义，则生成的数据需符合核验规则，主要包括长度、取值范围、校验规则和校验位的计算等。例如身份证号：340404204506302226→150204205512294777（注意该身份证号为编造数据，仅作示例展示使用，若有雷同纯属巧合）。脱敏后的数据要满足由十七位数字本体码和一位校验码组成的规则。排列顺序从左至右依次为：六位数字地址码，八位数字出生日期码，三位数字顺序码和一位数字校验码。

（3）一致性约束下的方法。

在开发和分析场景中，对脱敏后数据的一致性有一定的要求。例如在业务开发时会涉及多表联合查询，在数据分析中需要融合单个个体的多维度信息（这些信息往往分布在不同的库表中）。为了保证这些需求在脱敏之后仍能满足，需要保证脱敏策略的一一映射属性，亦即相同的数据经脱敏后的结果相同，不同的数据经脱敏的结果不同，单个数据多次脱敏后的结果相同，即具有一致性。这类一致性的算法，在保留数据格式层面的实现方式可采用保留格式加密（Format Preserving Encrypt，FPE）算法。FPE 是一类特殊对称加密算法，它可以保证加密后的密文格式与加密前的明文格式完全相同，加密解密通过密钥完成，安全强度高。一种常用的 FPE 算法是 FF1 算法。

3．保留统计特征的方法

除了测试场景，在数据分析场景中，针对复杂建模分析和数据挖掘的需求，会对类别和数值类型的数据有额外要求，即期望数据的统计特征得以保留。

类别类型的数据：主要指的是反映事物类别的数据类型，此类数据具有有限个无序的值，为离散数据，例如我国的不同民族，又例如在机器学习当中的类别标签等。对此类数据的脱敏主要是对类别信息的脱敏，不同的类别之间保留区分性即可。例如数据"苹果，苹果，香蕉"对应"A，A，B"，在分类任务当中仅需知道 A 和 B 为两个不同的类即可，无须知道具体哪个对应苹果、哪个对应香蕉。

数值类型的数据：指取值有大小且可取无限个值的数据类型。在此类数据中，可能关注的是数据间的相对大小关系，也可能关注数据的各阶统计特征或是分布。

若想保留数据间的相对大小关系用于后续建模分析，则可使用归一化或者标准化等数据预处理方式实现。

（1）标准化：对数值类型的数据进行标准化缩放，使得数据均值归为0，方差归为1。用本算法脱敏后的数据基本保留数据分布类型，可用于常见的分类、聚类等数据分析任务。

（2）归一化：对数值类型的数据进行归一化缩放，将数据线性缩放至[0, 1]区间。本算法脱敏后的数据可限定数据范围，保留数据相对大小，剔除量纲影响。可根据分析模型和分析需求选用本算法。

若关注各阶段统计特征，期望脱敏后的数据尽可能在统计意义上不失真，则可围绕概率密度函数（Probability Density Function，简称 PDF）的估计展开，因为 PDF 中包含了数据的各阶统计特征信息。具体地，可首先通过对原数据的核密度估计（Kernel Density Estimation，简称 KDE）完成数据 PDF 估计；接着通过对 PDF 采样完成数据重建等操作进行数据脱敏。通常来说，可将数据假定为高斯分布，使用原始数据对高斯分布进行参数估计，得到显式的 PDF，对此 PDF 进行采样即得到脱敏后的数据。

除了这些方法，还可在数据上添加噪声。在信号处理领域，为了保证数据的可用性，一般添加的噪声为加性的高斯噪声：

$$\tilde{x} = x + \varepsilon$$

其中 x 为原始数据，$\tilde{x}$ 为添加噪声后的数据，噪声 $\varepsilon \sim N(\mu, \sigma^2)$，满足均值为 μ 标准差为 σ^2 的高斯噪声。

用添加高斯噪声的方法，在参数合理配置的情况下可以使得脱敏后的数据仍满足常见信号估计和趋势分析的噪声假设，适用于序列数据（例如时间序列数据、离散数据信号等），可用于回归拟合和预测任务。

6.4.3 应用场景

静态脱敏的常见场景为开发测试场景和数据分析场景。

6.5 动态数据脱敏（P）

6.5.1 概况

数据脱敏分为静态脱敏和动态脱敏，前面已经详细介绍了静态脱敏相关技术，本节将就动态脱敏的一些技术路线和应用场景展开做介绍。

动态数据脱敏的主要目标是对外部应用程序访问的敏感数据进行实时脱敏处理，并立即返回处理后的结果。该技术通常会使用类似于网络代理的中间件，根据脱敏规则实现实时失真转换处理，并返回外部访问应用程序的请求。通过制定合理的脱敏策略，可在降低数据敏感性的同时，减少数据请求者在获取处理后的非敏感数据时面临的延迟。整个过程不会对原始真实数据进行修改，有效避免了数据泄露，保证了生产环境的数据安全。此外，动态数据脱敏模式可针对不同的数据类型设置不同的脱敏规则，还可以根据访问者的身份权限分配不同的脱敏策略，以实现对敏感数据的访问权限控制。

动态脱敏与静态脱敏有着明显的区别，静态脱敏一般用于非生产环境，主要应用场景是将敏感数据由生产环境抽取出来，经脱敏处理后写入非生产环境中使用。而动态脱敏的使用场景则是直接对生产环境数据实时查询，在访问者请求敏感数据时按照请求者权限进行即时脱敏。图6-17和图6-18给出了两种常见的动态脱敏流程示意图[1]。

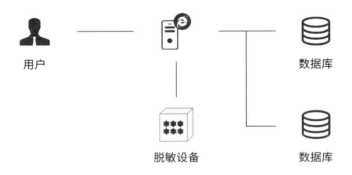

图 6-17 动态脱敏流程（代理接入模式）

图6-17所示的方式为代理接入模式，该模式采用逻辑串行、物理旁路。在实现数据实时脱敏处理方面，将应用系统的 SQL 数据连接请求转发到脱敏代理系统，动态脱敏系统进行请求解析，再将 SQL 语句转发到数据库服务器，数据库服务器返回的数据同样经过动态脱敏系统后由脱敏系统返回给应用服务器。

---

[1] 董子娴. 动态数据脱敏技术的研究[D].华北电力大学（北京）,2021

图 6-18　动态脱敏流程（透明代理模式）

图6-18所示的动态脱敏流程为透明代理方式。该方式将动态脱敏系统串接在应用服务器与数据库之间，动态脱敏系统通过协议解析分析出流量中的 SQL 语句来实现脱敏。注意这种方式对连接方式不需要做出修改，但所有的流量都会经过网关，会造成性能瓶颈的问题。

6.5.2　技术路线

1. 常用脱敏方式

动态脱敏常见的脱敏方式有遮蔽、替换、乱序、置空、加密和限制返回行数等方式。前几种方式在讲解静态脱敏时已经介绍过，在此不再赘述。限制返回行数方法主要是保证限制返回给请求者的结果条数不得多余系统约束的数目，达到保护敏感数据的目的。

2. 常见技术路线

动态脱敏技术在实际使用中有三种常见的技术路线：结果集处理技术、SQL 语句改写技术，以及结合结果集和 SQL 语句改写的混合模式脱敏技术[1]。

（1）结果集处理技术。

该技术对查询结果集进行脱敏，不涉及改写发给数据库的语句。在脱敏设备上拦截数据库返回的结果集，然后根据配置的脱敏算法对结果集进行逐个解析、匹配和改写，再将最终脱敏后的结果返回给请求者。

结果集处理技术的优势：该技术在针对返回的结果集进行处理过程中，不涉及对查询语句的操作，理论上与数据库类型无关，兼容性较高。同时，由于该技术可以获取真实数据的格式和内容，在进行脱敏处理时使用的算法和策略可以依据数据做更精细的配置，所以，脱敏结果可用性更高。另外，由于不涉及对具体数据库的复杂操作，用户的学习和使用成本较低，易用性较好。

结果集处理技术的劣势：由于结果集处理技术要在脱敏设备处对返回的结果集进行逐

---

[1] 张海涛.《数据安全法》语境下看三代动态脱敏技术的演进[Z].中国信息安全.2021.http://www.chinaaet.com/article/3000135816

条改写，故而脱敏效率较低，会成为业务的性能瓶颈。另外，在针对相同数据类型的字段按业务需求执行不同脱敏算法时，该技术难以同时配置差异化的脱敏算法，故而导致脱敏灵活性较低。

（2）SQL 语句改写技术。

该技术对发给数据库的查询 SQL 语句进行捕获，并基于敏感字段实施脱敏策略，对 SQL 语句进行词法和语法解析，对涉及敏感信息的字段进行函数嵌套或其他形式的改写，然后将改写后的 SQL 语句发给数据库，让数据库自行返回脱敏后的处理结果（图6-19）。

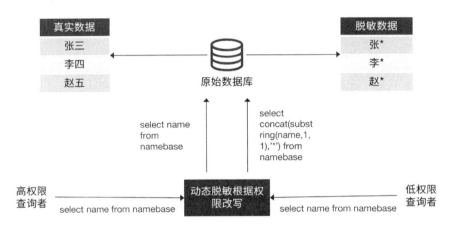

图 6-19　SQL 语句改写技术

从图6-19中可以看出，语句改写技术还可以根据查询者的权限动态返回不同的结果。

SQL 语句改写技术的优势：该技术的主要计算逻辑由数据库服务器完成，数据库服务器返回的结果就是最终的结果，与标准 SQL 语句执行耗时相差无几，故对脱敏设备而言不会成为性能瓶颈。另外，针对相同数据类型的字段可同时指定不同的脱敏算法，从而实现有针对性的脱敏，灵活性较强。

SQL 语句改写技术的劣势：该技术本质是利用数据库自身的语言机制进行数据脱敏，该脱敏方式与具体的数据库类型存在强耦合。由于数据库类型和交互语言千变万化，所以 SQL 语句改写技术的适配工作量会较大，导致兼容性较低，易用性较差，学习成本较高。同时，SQL 语句解析是一项复杂的技术，一般都是由数据库厂商掌握，所以在处理复杂语句时，对 SQL 语法分析和改写是极大的挑战。常见的复杂情况是对敏感字段进行复杂的函数转换、select *以及 where 条件中包含敏感字段，均需进行深入研究。

（3）混合模式脱敏技术。

由于结果集处理技术和 SQL 语句改写技术这两种常用方式各有利弊和各自适用的场景，故而可将两种方式结合起来，根据场景智能选择，实现高兼容性、高性能和高适用性的平衡。例如，在面对大数据量的列级查询时，可选用 SQL 语句改写技术；而在面对非查询类例如存储过程或者结果集数据量较少的情况下，可选用结果集处理技术。

6.5.3 应用场景

动态脱敏的核心目的是根据不同的权限对相同的敏感数据在读取时采用不同级别的脱敏方式，在实际使用时主要面向的对象为业务人员、运维人员及外包开发人员。各类人员需要根据其工作定位和被赋予的权限访问不同的敏感数据。本小节将分别从业务场景、运维场景和数据交换场景展开介绍。

1. 业务场景

业务人员的工作必定会接触到大量业务信息和隐私信息，由别有用心的内部业务人员造成的信息泄露是数据安全面临的风险挑战之一。一般来说，一个成熟的业务系统在开发时需要根据业务人员身份标识及其对应的业务范围标识，去做不同的数据访问限制。例如在一些信息公示场景下，仅需展示姓名和手机尾号，具体身份证号等敏感信息无须展示，因此，手机号可以进行截断、身份证号字段可以采用"*"号遮蔽等处理方式。对于老旧的业务系统或者开发时未考虑数据安全等合规性要求的系统来说，合规性改造会过于复杂，甚至成本极高，此时通过部署动态脱敏产品实现敏感数据细粒度的访问控制和动态脱敏是一个很好的选择。

2. 运维场景

数据运维人员从自身的工作职能出发，需要拥有业务数据库的访问权限；但是从数据归属的角度看，业务数据隶属于相关业务部门而非运维部门。实际上动态脱敏需求最为迫切的一个使用场景，就是调和数据的运维人员访问权限和数据安全之间的矛盾。例如，运维人员需要高权限账号维护业务系统的正常运转，但不需要看到业务系统中员工的个人信息和薪资等敏感信息，此时就可以使用动态脱敏对关键信息脱敏处理后再进行展示。

当然，目前也有使用数据审计对高权限账号的操作进行审计监控，用以约束高权限账号的行为。但这是一种事后溯源的能力，而动态脱敏提供的是事前防护能力，在一定程度上从源头扼杀了数据泄露的可能性。

3. 数据交换场景

在信息化进程不断加快、信息系统建设不断完善的情况下，不同系统之间的业务合作和资源共享变得越来越普遍。实时数据交换和共享不可避免。这就意味着数据泄露的风险上升，所以需要对数据接口做好权限管控，即针对不同服务和不同权限提供不同的数据范围。这就需要在满足隐私保护时对交换的数据按权限进行脱敏处理。考虑到安全性和实时性，不能像传统的静态脱敏一样导出数据脱敏处理后移交，需要通过数据接口做到不落地的有权限脱敏的数据交换，此时也需要动态脱敏的介入。

6.6 数据水印（P）

6.6.1 概况

数据水印是由数据版权归属方嵌入数据中用以进行版权追溯的信息。一般这种信息具有一定的隐秘性，不对外显示。在发生数据外泄或者恶意侵犯版权时，数据归属方可根据水印嵌入方式对应的一系列提取算法完成数据中水印信息的提取，以此来声明对该数据的所有权。此外，在数据受到攻击时，水印信息可以做到基本不被破坏，即通过正确的提取算法仍可以做到完整的信息提取，具有一定的健壮性。

数据水印一般是将不影响原始数据主体的、数据量占比较少的数据以一定的方式隐式嵌入大批量的原始数据载体（例如数据库中）。根据水印嵌入的位置，一般分为两类：一类是嵌入文件头中，一种是嵌入结构型数据的关系表中。数据水印技术流程框架如图6-20所示。

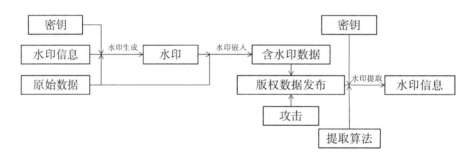

图 6-20 数据水印技术流程框架

该流程主要包括水印生成、水印嵌入、版权数据发布、攻击、水印提取等。其中水印生成是利用数据归属方的密钥信息，并结合原始数据属性信息，通过某些算法生成待嵌入的水印；水印嵌入是根据原始数据的主键信息，结合密钥信息，通过某些算法确定水印数据嵌入的位置；版权数据发布指在将水印嵌入之后，数据就有了版权信息，数据归属方便可将处理后的数据进行发布；攻击指的是版权数据遭到了外泄，或者经过某些未授权的操作；在数据归属方拿到了外泄或者侵权数据后，可以通过和水印嵌入算法相对应的提取算法对这些数据的水印进行尝试提取，若可提取到有效信息，则说明数据为版权方所有。

需注意，数据归属方的数据发布对象可能有多个，例如测试方和分析方。在这种情况下可根据发布对象的不同使用不同的密钥，亦即水印信息也可通过密钥进行区分。

1. 常见攻击

在数据外泄后，由于泄露方可能会无意或恶意对未授权的数据进行一些操作，例如修改、删除或者顺序调整等，对水印数据产生不可忽略的影响。这些攻击操作大抵有如下几类。

（1）良性更新。

在这种情况下，照常处理任何带水印关系的元组或数据。结果可能会添加、删除或更新已标记的元组，这可能会删除嵌入的水印或可能导致无法检测到嵌入的水印（例如，在更新操作期间，标记数据的某些标记位可能会被错误地翻转）。此类处理属于无意间执行。

（2）恶意进行值修改。

①添加攻击：主要指将一些额外的信息添加到版权数据当中，这些额外的信息主要包括：一定比例的元组（记录）添加、新的属性（列）。有些攻击者甚至会在版权数据的基础上添加属于自己的水印信息以宣告版权归属。

②删除攻击：又叫作抽样攻击，指的是选择版权数据的部分元组和属性进行使用。

③替换攻击：随机或通过一定方式将数据内容替换成不含有水印信息的数据。

④置换攻击：打乱元组或者属性的顺序。

⑤混合攻击：将以上的攻击方式进行组合搭配。

2．数据水印特征

根据水印攻击的特点，并结合水印自身的特点，总体上数据水印包含有如下特征。

（1）隐蔽性。

隐蔽性指的是水印嵌入后应该是不可感知和不易察觉的，不应造成原始数据在指定用途上的失真和不可用；水印嵌入前后在特定衡量指标上的偏差较小，例如数值型数据在水印嵌入前后均值和方差的变化。

（2）健壮性。

健壮性指的是在经受一定的水印攻击后，仍能正确提取水印信息。

（3）不易移除性。

不易移除性指的是水印要设计得不容易甚至不可能被攻击者移除。

（4）安全性。

安全性指的是在没有密钥或嵌入—提取算法的情况下，攻击者无法对水印信息进行提取、伪造、替换和修改。

（5）盲检性。

盲检性指的是水印的提取不需要原始数据及嵌入的水印具体内容（即水印信息不落地）。在工程实践中盲检性是一个重要的特性。因为数据库实时更新的机制，若不具备盲检性，则需要对水印信息进行额外存储，会有一定的安全隐患并造成很大资源浪费。

需注意的是，上述提到的特征之间存在相互制约的关系，例如隐蔽性和健壮性是一对相互矛盾的特性，健壮性的增强势必意味着水印信号的增强，而水印信号的增强一般意味着更多的数据会被修改，这就与隐蔽性的要求背道而驰。故在实际中，需根据实际的业务需求对水印的特征做到有侧重的取舍。

6.6.2 技术路线

数据嵌入水印要求水印信息具有隐蔽性、可区分性,加入水印信息后的数据具有不失真性,类比到信号处理中,就等同于在原始信号的基础上添加噪声,这个噪声是可区分的,添加方式可为加性添加也可为乘性添加,添加噪声后的信号要求不影响信号特性的估计。根据水印嵌入数据元组的影响方式,水印算法一般可以分为三类。由于水印算法并不限定于具体的形式,这里主要介绍这三类水印算法的思想。

1. 通过脱敏实现的数据水印技术

此类技术属于基于数据修改的技术的一种,其工作原理为:针对满足条件的数据内容(长度大于一定值的数字或字母的组合),对特定位置上的字符进行修改。首先,选出某几个位置作为水印信息的嵌入位置,这些位置上的原始字符丢弃即可;然后,使用剩余位置上的字符,通过一定映射和运算后得到与待嵌入长度相同的字符作为水印信息;最后,将生成的水印信息嵌入指定位置即完成水印信息的嵌入,其中位置的选取方法和水印字符的计算方式可设计为和密钥相关的操作。

在水印提取部分,可根据密钥确定水印嵌入位置,根据其余位置的字符和密钥指定的计算方式对水印信息进行计算。若计算得出的水印字符与版权数据中相同位置的字符相同,则水印信息即为密钥对应的信息,否则轮循密钥进行计算比对。例如在图6-21中,针对手机号14316101326(注意该手机号为编造数据,仅作示例展示使用,若有雷同纯属巧合)添加水印。

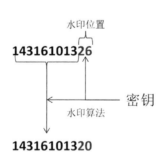

图 6-21 针对手机号添加水印

根据密钥得出水印添加位置为最后2位,水印信息计算方式为其余各个位置上的数值的加和对100求余取得,即(1+4+3+1+6+1+0+1+3)mod100=20,则最终添加水印后的手机号码为14316101326。溯源时根据密钥对应的水印位置和水印信息计算方式轮循计算比对完成。

可以看出,此类方法针对所有满足条件的数据都会进行修改,这样的好处是在理想情况下仅需一条水印数据便可实现水印信息的追溯,且对于删除和置换攻击等可以做到有效抵御。但缺点也很明显:对原始数据进行了一定规模的修改,会造成数据在某些特定场景中(例如分析场景)变得失真以至于不可用。

2. 通过低限度修改数据实现的数据水印技术

有一类通过低限度修改数据的数据水印技术可以解决数据的失真问题。在此类方法中，原理为：针对满足条件的数据内容进行按照位置的比特层面的0/1变换。一种常用的方法是 R.Agrawal 研究的基于统计理论的数据水印算法。此方法是针对数值型属性的水印嵌入方法。该方法约束了数值性属性的值修改的合理范围，目的是在可控的误差范围内的修改不会损害数据的有效性及造成数据的失真。此方法的基本步骤可概述如下：首先，选择水印嵌入的元组位置。选择方式通常利用密码学中的单向哈希函数来完成。具体地，通过给定的水印比例、密钥、水印强度及元组主键值等参数，用哈希函数选择待水印的元组。然后，根据可进行修改的属性的数目和比特位数来确定嵌入水印的属性及比特位。此过程也可使用哈希函数通过模运算来完成。接着，依据一定的水印嵌入算法将选定元组的待嵌入的属性中的某个比特位的值置为0或者1，即可完成水印信息的嵌入。目前一般使用最低有效位（Least Significant Bit，简称 LSB）进行替换。在提取水印信息时，经过多数选举并根据假设检验理论做出数据中是否存在水印、存在何种水印的判断。这一技术后续有一些改进方式，但大抵上都受到此方法的启发。

类别属性的特征的水印嵌入方式一般与数值型的类似，只不过是将插入的内容由0/1比特转化为文本内容较难感知的回车符、换行符和空格；此外针对文本内容词义不变的需求，还有通过近义词替换的方式实现水印的嵌入等。

可以看出，本类方法可约束属性中值的修改范围，做到在容许范围内的不失真，本类方法亦可以抵御一定程度的添加和删除等常见攻击。但是其还是会在一定程度上影响原始数据。

3. 通过添加伪行伪列实现的数据水印技术

为了满足在实际应用中完整保留原始数据的需求，需要一类无失真的水印方法。这类方法中较为常用的是通过添加伪行伪列实现。此方法的原理为：对原始数据的各个元组和属性的内容不做修改，仅在原始数据的基础上新增伪行（元组）和伪列（属性）。

（1）添加伪行水印。

根据数据各个属性的数据类型、格式，并以业务含义（若有）作为取值范围进行约束生成仿真的数据，然后根据密钥确定的插入位置对仿真元组进行插入操作。一般为按照数据元组总数的比例确定伪行的数目，均匀插入；然后按密钥指定的水印计算方式对插入元组中的可修改属性进行水印添加。在水印溯源时，对数据进行遍历，如果计算符合水印构成的元组的数目超过某个预设的数目或比例，则可认为该数据中存在对应的水印信息。如图6-22所示（注意图中手机号为编造数据，仅作示例展示使用，若有雷同纯属巧合）。

工号	手机号
1223	14220618293
2345	14337745579
3234	15437988087
4346	16136075340
5778	16416097917
6890	19400237586

依照密钥k均匀插入伪行 →

工号	手机号
1223	14220618293
2345	14337745579
3234	15437988087
1556	13420815226
4346	16136075340
5778	16416097917
6890	19400237586
5672	14441785741

溯源：遍历数据符合密钥k规则的数据达到阈值 →

密钥k对应水印信息

图 6-22　添加伪行水印

构建伪行并均匀插入原始数据中，对可修改的属性"手机号"，在伪行中复用基于脱敏的水印技术可将水印信息插入。在溯源时，遍历每条元组记录，当符合水印构成条件的元组数目超过或达到阈值（例如在本例图6-22中的阈值为2个元组），则认为水印提取成功。

（2）添加伪列水印。

伪造新的属性列，生成的伪列需与原数据中其他属性尽量高度相关，这样不容易被攻击者察觉。伪列属性的选取可使用数据挖掘中的Apriori关联分析法或者一些推荐算法。然后根据选定的属性生成合理的仿真数据，根据密钥信息将水印信息嵌入伪造的新列中，方式与伪行类似。

可以看出，本类方法对原始数据不会进行任何修改，只是会在数据中按照约定的规则新增一些元组和属性，此类方法可以抵御一定程度的添加、删除和替换等常见攻击。但是其有一定的被识别并删除的风险。

6.6.3　应用场景

数据的可追溯性包括确定数据的可靠性和质量、验证数据的来源、维护数据的版权及查找泄露位置，多用于数据共享的场景。

（1）确定数据质量。

数据的质量通常取决于数据的来源及其流转过程。由于当今数据交易量的增加，数据往往由多方传输和处理，这使得数据的溯源更加困难。数据溯源技术可对数据质量进行跟踪验证，定位数据有价值信息损失的环节。

（2）追溯数据源。

追溯数据源可以标识数据处理的各个环节，发现何时何地生成特定数据，了解何时何地恶意泄露数据或谁偷走了泄露的数据，以确定相应的保护措施和解决方案。追溯数据源可避免数据泄露事件的发生，在发生后也可快速定责。

（3）数据著作权保护。

追溯数据源还可以确定和维护数据版权。

6.7 文件内容识别（P）

6.7.1 概况

文件内容识别主要是通过一定的技术手段识别相关的文件类型，并将文件中的实际内容提取出来为后续的分析提供依据，主要通过如下方式进行。

（1）根据文件对象的内容特征识别文件类型。

（2）对已经识别的文件类型分别进行解析，提取文件内容，转换为UTF-8类型的txt文件。

（3）提取文件对象的元数据。

常用的识别技术手段如表6-4所示。

表6-4 常用的识别技术手段

技术类别	技术子类	技术名称	应用效果
文本特征智能识别	智能切词	基于改进型最大熵的词性标注	基于最优路径与兼类词性识别的文档词性准确标注
		基于机械匹配的初步文档分词	基于词典及语料库的多种匹配算法实现兼类词的准确分词
		基于BiLSTM-CRF短语提取	基于词语相关性，结合CRF字词标签预测模型，实现短语词的准确提取
		基于短语句法分析的长词识别	基于句法分析树的词性组合实现文档长词的有效提取
	文档聚类	基于主题模型的文档主题中心识别	通过LDA模型识别文档主题及主题中心，实现文档的初步分类
		基于主题中心的改进K-Means文档聚类	将文档主题中心作为基于距离计算文档类型的初始中心点进行迭代运算实现文档的快速准确分类
指纹提取	关键词提取	基于TF-IDF的词频权重标识	基于中文词库在文档中出现的概率模型标识文档中词语的权重
		基于词频权重的改进TextRank关键词提取	基于词语TF-IDF权重排序词图分析，准确提取反应文档特性的关键词
		基于Minhash多类型指纹提取	采用向量降维算法实现文档句、段等的指纹特征有效提取
		基于Simhash快速指纹提取	基于相似性归并方法快速计算文本的指纹特征
分类模型构建		词向量分布式表示	基于分布式词向量的文档快速分类预处理，融合深度神经网络的学习模型，构建高精度的文档分类模型，实现新文档的准确分类
		基于句子内容的文档分类预处理	
		基于词序关联分析的文档分类模型预处理	
		基于变长上下文关联分析的文本分类	

6.7.2 技术路线

1．文本特征智能识别

文本特征智能识别流程如图6-23所示，主要实现文档解析、文档智能切词、文档聚类及关键词提取。

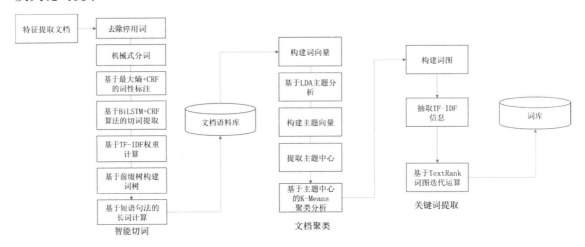

图6-23 文本特征智能识别流程

2．智能切词

智能切词技术流程如图6-24所示，通过去除停用词、机械式分词、词性标注、短语提取等过程，构建文档语料库，为后续深度分析提供基础数据。

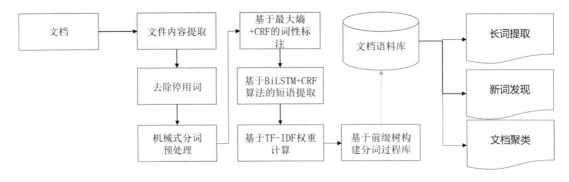

图6-24 智能切词技术流程

关键技术解析如下。

（1）基于改进型最大熵的词性标注。

采用最大熵进行初次标注，保留最优路径，通过在其他几条比较好的路径中为每个兼类词挑选第二个候选词性，再利用条件随机场模型（Conditional Random Field，简称 CRF）对兼类词的候选词性进行优化选择，结合最大熵标注内容进行文档词性标注，并将标注结果作为最终的词性标注。具体流程如图6-25所示。

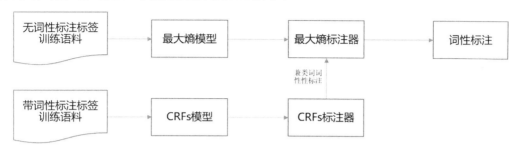

图 6-25　基于改进型最大熵的词性标注流程

（2）基于机械匹配的初步文档分词。

该方法对待分词文件文本主要采用字符串匹配的策略进行分词。依据多种匹配策略将待分析的文件文本与一个大词典中的词条进行匹配，若在词典中找到某个字符串，则分词成功。

按照扫描方向的不同，分为正向匹配和逆向匹配。

（3）基于 BiLSTM-CRF 短语提取。

使用 BiLSTM-CRF 进行短语发现，主要步骤如图6-26所示。

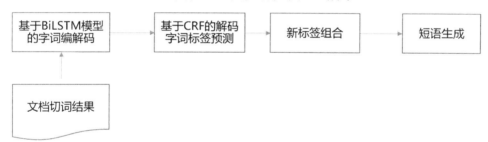

图 6-26　使用 BiLSTM-CRF 进行短语发现

首先，以基于机械匹配后文档分词的结果作为输入，使用 Bi-directional Long Short-Term Memory（简称 BiLSTM）模型对相关词语进行编码解码。

其次，根据解码结果，使用 CRF 模型预测相关字词的标签；并根据预测的新标签进行词语组合，生成文档短语。

（4）基于短语句法分析的长词识别。

基于上述三个步骤的处理结果对解析后文本词语构建句法分析树，根据已标注词性进行长词组合，提取文档长词，将此过程进行重复运算，最终经过人工审核确认，将生成的文档长词加入文档语料库。基于短语句法分析的长词识别流程如图6-27所示。

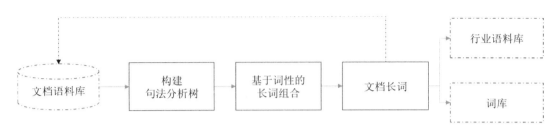

图 6-27　基于短语句法分析的长词识别流程

3. 文档聚类

文档聚类过程如图6-28所示,将文档语料库中的词语构成文档的词向量,并通过隐含狄利克雷分布(Latent Dirichlet Allocation,简称LDA)模型进行文档主题分析,将主题中心作为K-Means聚类分析的初始值进行文档聚类处理,实现文档快速准确聚类。

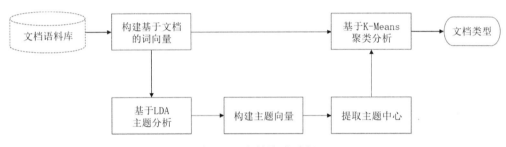

图 6-28　文档聚类过程

关键技术解析如下。

(1)基于主题模型的文档主题中心识别。

给定一批无序的语料,基于LDA的主题训练过程如图6-29所示。

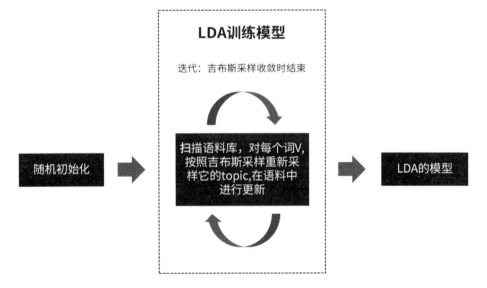

图 6-29　基于LDA的主题训练过程

随机初始化：对语料中每篇文档中的每个词ω，随机地赋一个topic编号z。

重新扫描语料库，对每个词v，按照吉布斯采样重新采样它的topic，在语料中进行更新。

重复以上语料库的重新采样过程直到吉布斯采样收敛。

统计语料库的topic-word共现频率矩阵，该矩阵就是LDA的模型。

（2）基于主题中心的改进K-Means文档聚类。

通过主题模型的学习，初步得到相关文档的主题及主题中心，选择主题中心作为K-Means文档聚类的初始中心进行迭代运算，最后得出聚类结果。

4．关键词提取

关键词提取是将文档预处理后生成的文档语料库中的词语构建词图，并将词图的词按照TF-IDF权重进行排序，进行TextRank模型计算，得到文档的关键词，具体流程如图6-30所示。

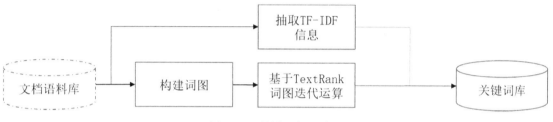

图 6-30 关键词提取流程

关键技术解析如下。

（1）基于TF-IDF的词频权重标识。

使用词频—逆向文件频率算法（Term Frequency - Inverse Document Frequency，简称TF-IDF）提取关键词的方法，其中TF衡量了一个词在文档中出现的频率。TF-IDF值越大，则这个词成为一个关键词的概率就越大。

（2）基于词频权重的改进TextRank关键词提取。

该方法有效融合标题词、词性、词语位置等多种特征。同时，结合基于TF-IDF计算后所得到的词频权重值，能够提取代表此类文档特征的有效关键词。

5．指纹提取

敏感文档指纹特征的提取是针对文本预处理结果进行，且根据企业具体的业务应用场景，采用基于Simhash和Minhash的指纹提取算法对敏感文件进行指纹特征提取，具体过程如图6-31所示。

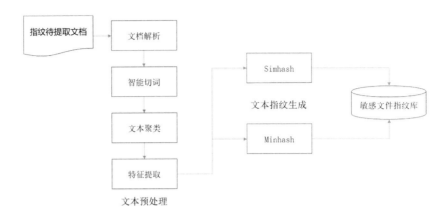

图 6-31　敏感文档指纹特征的提取流程

注：在逐条实时匹配场景下，使用 Simhash；在定期批量匹配场景下，使用 Minhash。

关键技术解析如下。

（1）基于 Minhash 多类型指纹提取算法。

Minhash 采用最小哈希函数族来构建文档的最小哈希签名。文档的最小哈希签名矩阵是对原始特征矩阵降维的结果。降维后的文本向量从概率上保证了两个向量的相似度和降维前是一样的，结合 LSH 技术构建候选对可以大大减少空间规模，加快查找速度。

（2）基于 Simhash 快速指纹提取算法。

Simhash 可以将相似的文件哈希化得到相似的哈希值，使得相似项会比不相似项更可能哈希化到同一个簇中的文件间成为候选对，可以以接近线性的时间去解决相似性判断和去重问题。

6. 分类模型构建

针对样本文件的文档语料库构建分类模型，主要分如下步骤。

首先，构建样本文档分布式词向量，将词向量输入 FastText 进行文本预分类。

其次，将 FastText 预分类结果输入卷积神经网络（Convolutional Neural Network，简称 CNN），提取文本局部相关性。

最后，将带有文本局部相关行的处理结果输入递归神经网络（Recurrent Neural Network，简称 RNN），利用 RNN 对文档上下文信息加长且双向的"n-gram"捕获，更好地表达文档内容，以此进行分类模型进一步训练，得到更精确的文本分类模型，并使用该模型对新输入文档实现准确分类，如图 6-32 所示。

图 6-32　分类模型构建流程

关键技术解析如下。

（1）词向量分布式表示。

采用分布式表示（Distributed Representation）将文本解析分词后的内容向量化，将每个词表达成 n 维稠密且连续的实数向量。

（2）基于句子内容的文档分类预处理。

将分布式词向量传输给 FastText，FastText 将句子中所有的词向量进行平均，通过一定的线性处理实现文档的初步分类，并将分类结果直接接入 Softmax 层。

（3）基于词序关系分析的文档分类预处理。

由于 FastText 中的分类结果是不带词序信息的，卷积神经网络核心点在于可以捕捉局部相关性，因此 CNN 有效弥补了 FastText 的关联缺陷。将 FastText 的 Softmax 层结果输入 CNN 进一步提取句子中类似于 n-gram 的关键信息。

（4）基于变长上下文关联分析的文本分类。

CNN 在一定程度上关注了文档的局部相关性，但基于固定 filter_size 的限制，一方面无法对更长的序列信息建模，另一方面 filter_size 的超参调节很烦琐，因此无法更好地关注文档的上下文信息。递归神经网络在文本分类任务中，通过 Bi-directional RNN 捕获变长且双向的"n-gram"信息，有效弥补 CNN 缺陷，实现文本分类模型的精确构建。

6.7.3 应用场景

通过文件类型特征识别、嵌套提取等技术手段，对包括 Office 系列文档、PDF 文档、压缩文件等几百种文件的识别和文字提取，并将文字统一转化编码。包括但不限于表6-5所示的类型。

表 6-5 文件内容识别应用文件类型

文件支持类别	具体类型
超文本标记语言格式	HMTL
XML 格式	XHTML，OOXML 和 ODF 格式
Microsoft Office 办公文件格式	Word、Excel、PowerPoint、visio 等
PDF 格式	PDF
富文本格式	RTF
压缩格式	Zip、7z、RAR、Tar、Archive 等压缩格式
Text 格式	txt
邮件格式	RFC/822邮件格式，微软 outlook 格式
音视频格式	WAV，mp3，Midi，MP4，3GPP，flv 等格式
图片格式	JPEG，GIF，PNG，BMP 等格式
源码格式	Java，C，C++等源码文件
iWorks 文档格式	支持苹果公司为 OS X 和 iOS 操作系统开发的办公软件文档格式

针对文件内容识别的应用场景如表6-6所示。

表6-6 文件内容识别应用场景

业务场景名称	业务场景描述	技术实现思路	关键技术点
无敏感文件样本集	企业保密单位不提供敏感文件的样本，但需要识别出外发文件及内部存储文件是否为敏感文件	基于自然语言学习，进行文档聚类，提取文档特征及主题内容，识别文档类别及敏感类型	文本特征智能识别（智能切词、文档自动聚类、关键词提取）
有敏感文件样本集	企业保密单位提供敏感文件的样本，基于该样本，识别出外发文件及内部存储文件是否为敏感文件	基于对敏感文件样本的数据建模分析，学习出样本文件的分类模型，通过模型应用识别敏感文件	指纹提取（Simhash、Minhash）；分类模型构建（基于神经网络的分类模型构建）

典型业务场景描述如下。

（1）打印机监控。

打印机监控实时监控各类文档打印过程。若打印的文件内容为非敏感信息，则对打印过程不予干预；若为敏感信息，则依据策略决定是否予以打印。当出现敏感信息打印事件时，打印机监控模块会上报该事件。

（2）移动存储介质监控。

移动存储介质监控实时监控由终端向各类移动存储介质复制、剪切、拖动文件的动作。若操作的文件内容为非敏感信息，则对动作过程不予干预；若为敏感信息，则依据策略决定是否执行动作。当出现敏感信息复制、剪切事件时，移动存储介质监控模块会上报该事件。

（3）共享目录监控。

共享目录监控实时监控由终端向共享目录复制、剪切、拖动文件的动作。若操作的内容为非敏感信息目录，则对动作过程不予干预；若为敏感信息目录，则依据策略决定是否执行动作。当出现敏感信息目录复制、剪切事件时，共享目录监控模块会上报该事件。

（4）光盘刻录监控。

光盘刻录监控实时监控CD/DVD的刻录过程。若光盘刻录内容为非敏感信息，则不予干预；若为敏感信息，则依据策略觉得是否予以刻录。当出现敏感信息刻录事件时进行事件上报与管控。

（5）核心数据保护。

核心数据保护识别核心数据在终端及网络上如何存储、使用和传输，通过对核心数据的有效识别进行分级管理，设定访问权限，同时使用加密存储方式确保核心数据的安全管理。

6.8 数据库网关（P）

6.8.1 概况

数据库网关的概念最早脱胎于Oracle的serurity label，需要解决的核心问题是将权限管控从数据库本身的权控体系中剥离出来，实现细粒度的权限管控。例如，对于拥有 DBA 角色的特权账号，通常情况下所涉及的工作可能是 backup/restore（备份/恢复）、performance tuning（性能调整优化）、表结构修改等，虽然其本身具有对业务对象的访问权限，但从业务视角来说，这类对象不应当能够被运维账号访问。业务权限逻辑如图6-33所示。

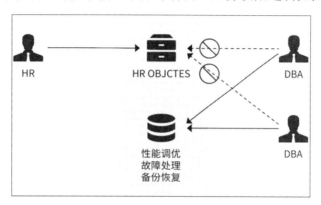

图 6-33　业务权限逻辑

即使都是业务账号，由于部门或者职级不同，能访问的数据也是不同的。为了解决这个问题，Oracle 10g 推出了 security label。该组件的实现思想基于安全管理员预先配置的规则基础上。安全组件会去修改数据库用户执行的 SQL，对其添加谓词过滤条件。如图6-34所示的数据案例，假设有两个用户 user20 和 user30，user20 属于部门编号为20的部门，user30 属于部门编号为30的部门。虽然两个账号都对该表有 select 权限，但 security label 可以基于预设条件，自动对用户发起的 SQL 添加过滤条件。

	EMPNO	ENAME	JOB	MGR	HIREDATE	SAL	COMM	DEPTNO
1	7369	SMITH	CLERK	7902	1980/12/17	800.00		20
2	7499	ALLEN	SALESMAN	7698	1981/2/20	1600.00	300.00	30
3	7521	WARD	SALESMAN	7698	1981/2/22	1250.00	500.00	30
4	7566	JONES	MANAGER	7839	1981/4/2	2975.00		20
5	7654	MARTIN	SALESMAN	7698	1981/9/28	1250.00	1400.00	30
6	7698	BLAKE	MANAGER	7839	1981/5/1	2850.00		30
7	7782	CLARK	MANAGER	7839	1981/6/9	2450.00		10
8	7788	SCOTT	ANALYST	7566	1987/4/19	3000.00		20
9	7839	KING	PRESIDENT		1981/11/17	5000.00		10
10	7844	TURNER	SALESMAN	7698	1981/9/8	1500.00	0.00	30
11	7876	ADAMS	CLERK	7788	1987/5/23	1100.00		20
12	7900	JAMES	CLERK	7698	1981/12/3	950.00		30
13	7902	FORD	ANALYST	7566	1981/12/3	3000.00		20
14	7934	MILLER	CLERK	7782	1982/1/23	1300.00		10

图 6-34　原始数据表

User20 执行 SQL：

```
select * from emp
```

User20实际执行 SQL：

```
Select *
From (select empno, ename, job, mgr, hiredate, sal, comm, depto from emp) e
Where e.deptno=20
```

User30执行 SQL：

```
select * from emp
```

User30实际执行 SQL：

```
Select *
From (select empno, ename, job, mgr, hiredate, sal, comm, depto from emp) e
Where e.deptno=30
```

这种方法虽然可以在不修改代码的情况下实现细粒度的数据访问控制，但也伴随了大量的弊端。比如实际的业务 SQL 往往非常复杂，涉及了大量的子查询或视图引用，使用 security label，由于是通过内部语法解析后添加 where 过滤条件，假如条件加得不恰当会引起诸多 SQL 性能方面的问题甚至是逻辑错误，从而导致获取数据不全；且 security label 只对 select 语句生效，对于 dml 及 ddl 操作则没有限制。为了弥补性能和逻辑方面的问题，Oracle 在后来的版本中推出了虚拟私有数据库（Virtual Private Database，简称 VPD）的功能，核心逻辑同 security label 一样也是动态添加 where 过滤条件。VPD 在性能上有所提升，但主要问题依然很明显。VPD 同样仅支持 select 语句，采购成本过高，且仅针对 Oracle 11g 以上版本有效。

那么为什么不能直接做权限回收呢？因为系统账号（如 Oracle 的 sys、system，MySQL 的 root@localhost）天然就具备数据库内对象的访问权限，无法回收！如果要通过数据库自身能力来阻止系统账号，要么需要做数据内容加密；或者借助于 DDL 触发器，限制特权用户的登录范围，间接控制其对数据的访问。而对于业务账号，情况则更加复杂。首先系统上线运行后不建议在没有清晰地梳理与测试的情况下贸然进行二次权限回收。尤其是对于像 Oracle 这种有执行计划缓存机制的数据库系统，权限的变更会导致用户的对象重新载入共享池，在业务压力大的情况下极易造成硬解析，形成性能方面的压力。其次，如果系统内涉及了自定义包、存储过程、函数等，则可能涉及较多的引用，并且过程内的调用都需要直接授权而非间接授权，那么权限就更加难以梳理或从原账号中回收。

6.8.2 技术路线

由于数据库自身的安全机制有诸多的限制，因此才诞生了基于网络的数据库网关类产品。常见的部署方式有如下四种：旁路镜像模式、串联部署模式、反向代理模式和策略路由模式。

(1) 旁路镜像模式。

旁路镜像是一种纯监控模式,是将所有对数据库访问的网络报文以流量镜像的方式发送给数据库网关进行分析。受部署形态的限制,一般仅能做审计告警使用,也有部分数据库网关宣称旁路模式下可以支持阻断。实现思路是根据预先配置好的规则,向违规操作的会话发起一个 tcp reset 报文,来重置整个会话。这样做的问题在于,防火墙分析与响应与用户执行 SQL 之间是有一个延时的,尤其是在高并发场景下延时更为明显,所以实际的情况是当 tcp reset 报文发起时,SQL 请求可能早已经结束了,根本无法实现阻断的效果。因此旁路阻断的技术才不被大多数用户所采纳。

(2) 串联部署模式。

串联部署是将数据库网关串联在交换机与被防护数据库服务器之间,这样所有业务系统和维护人员的访问流量都会经过数据库防火墙。所有通过 TCP 网络访问数据人员的访问行为均被记录和防护,部署拓扑如图6-35所示。

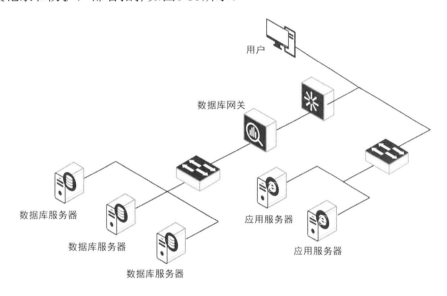

图 6-35　串联部署拓扑图

(3) 反向代理模式。

反向代理是指对外暴露数据库网关的代理 IP 与代理端口。对于用户而言,需要修改原本访问数据源配置连接串中的 IP 地址和端口,将其改为数据库网关的代理 IP 与代理端口。通过代理后访问到数据库,从数据库层面看到的客户端 IP 地址就是数据库网关的 IP 地址,这样数据库在回包时也同样会返回给数据库网关,进而对上下游报文进行控制。同时,可利用 iptables、数据库的 event 触发器、用户与 IP 绑定等机制指定数据库用户只能通过数据库网关访问数据库服务,避免出现反向代理被绕开的情况。部署方案如图6-36所示。

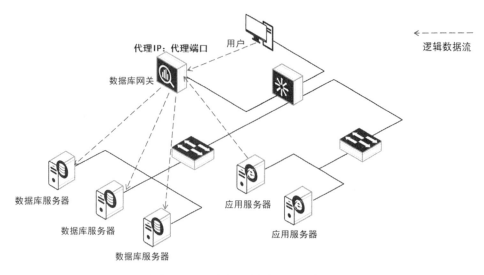

图 6-36　反向代理模式部署拓扑图

（4）策略路由模式。

策略路由模式通过路由策略引流将访问数据库流量引向数据库网关，同时避免数据库网关设备直接物理串接在数据库系统与应用系统之间，从而来应对复杂或有控制需求但同时不具备串接部署条件的网络环境。在策略路由模式下，需要在交换机上面配置策略路由，将原地址为指定网段，或目的地址为指定数据库 IP 地址的数据流引流至数据库网关；同时将数据库返回的流量也牵引至数据库网关，保证双向流量都会经过网关。这种模式适用于较为复杂的网络场景中，既无法找到汇聚点将设备串联，同时由于工作量巨大，无法修改客户端连接串联反向代理模式的场景。策略路由模式部署拓扑图如图6-37所示。

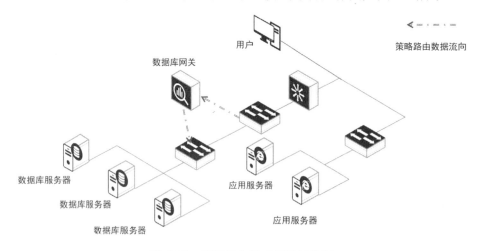

图 6-37　策略路由模式部署拓扑图

一般来讲，数据库网关类产品具备的能力如下。

（1）数据库种类的支持。常见的数据库有 Oracle、MySQL、postgresql、db2、sqlserver、db2、sybase、informix，国产数据库如达梦、kingbase 等，此外随着大数据技术的发展，对

常见的 nosql 如 mongodb、hbase、elasticsearch 及大数据组件如 hive、impala、odps 等也需要有比较好的支持，来适应更广泛的使用场景。

（2）权限管控。需要能支持到字段级别的细粒度的权限管控，同时能支持 update、delete 等 dml 操作，以及 drop table、truncate table 等管控操作。主流的数据库网关基本都能实现基于返回行数的控制，如业务系统的一个分页查询一般为500~1000条，超出这个阈值的操作行为就可以被标记为拖库行为，进而被阻断或告警。基于返回行数控制功能，现在很多厂商都开始做基于返回结果的访问控制，比如特权账号直接查询某些特殊的 VIP 用户信息等。

（3）动态脱敏。基于访问控制功能的基础之上，数据网关产品还衍生出了动态脱敏的能力，动态脱敏是一种不改写数据库中的数据而对返回值进行掩码的技术能力。动态脱敏可以基于 SQL 改写，也可以基于结果集改写，比如医院的叫号系统就是常见的动态脱敏，在展示患者姓名的时候通常会将名字中的一位以"*"代替，但后台数据库中还是存储该患者的真实姓名。

然而，实际应用中有一种需求场景：在报表系统中通过同一个业务系统（即使用相同的数据库账号）访问数据库，但由于部门权限不同，即使查询的是同一张报表，也需要按照部门权限的不同进行区别显示。对于该需求就可以通过返回行数控制+返回内容控制来实现，即当 user20 访问部门编号为30的部门时进行告警或拦截。为了不影响业务正常运行，也可以通过动态脱敏功能将脱敏后的数据返回给 user20。

（4）虚拟补丁能力。给数据库系统打补丁的操作通常会伴随一些风险，特别是对于 MySQL 这种没有补丁包概念只能通过升级数据库版本来实现补丁能力的开源数据库。数据库网关将针对特定安全漏洞的攻击行为进行分析，提取行为特征进行阻断拦截，变相实现为数据库打上补丁的防护效果。

（5）分析能力。经过一定的学习期后，能够辨别哪些是正常的 SQL 操作，哪些是存在一定风险的 SQL 操作。同时，结合会话、用户与应用等相关元素进行行为建模，减少误报、误拦截。

6.8.3 应用场景

数据库网关最主要的应用场景有以下几种。

（1）细粒度的权限管控。从影响行数、SQL 输入参数、涉及对象（表、视图、物化视图、同义词、函数、存储过程等）和字段、数据内容、SQL 操作类型、时间、应用（客户端）类型、操作时间、客户端 IP 地址、账号等层面实现不同等级的访问控制。

（2）虚拟补丁。防止攻击者利用安全漏洞对数据库进行攻击。

（3）运维审批。防止未经审核的 SQL 直接在生产系统中运行。

（4）动态数据脱敏。从多个维度实现不同的人访问同一对象返回不同结果。避免非业务人员访问业务数据。

6.9 UEBA异常行为分析（E）

6.9.1 概况

Gartner 对 UEBA 的定义是"基本分析方法（利用签名的规则、模式匹配、简单统计、阈值等）和高级分析方法（监督和无监督的机器学习等），用打包分析来评估用户和其他实体（主机、应用程序、网络、数据库等），发现与用户（或实体）的标准画像（或行为）相异的活动。这些活动包括受信内部或第三方人员对系统的异常访问（用户异常），以及外部攻击者绕过安全控制措施的入侵（异常用户）"。

Gartner 认为 UEBA 是可以改变游戏规则的一种预测性工具，其特点是将注意力集中在最高风险的领域，从而让安全团队可以主动管理网络信息安全。UEBA 可以识别历来无法基于日志或网络的解决方案识别的异常，是对安全信息与事件管理（SIEM）的有效补充。虽然经过多年的验证，SIEM 已成为行业中一种有价值的必要技术，但是 SIEM 尚未具备账户级可见性，因此安全团队无法根据需要快速检测、响应和控制。

UEBA 是垂直领域的分析者，提供端到端的分析，从数据获取到数据分析，从数据梳理到数据模型构建，从得出结论到还原场景，自成整套体系，提供用户行为跟踪分析的最佳实践，记录了人产生和操作的数据，并且能够进行实际场景还原，从用户分析的角度来说非常完整并且直接有效。UEBA 帮助用户防范信息泄露，避免商业欺诈，提高新型安全事件的检测能力，增强服务质量，提高工作效率。

6.9.2 技术路线

用户与实体行为分析系统目的是实现对用户整体 IT 环境的威胁感知。首先通过业务场景的梳理，整合当前的资产信息并辅助梳理和识别具体的业务场景，然后通过数据治理能力，将原本零散分布于各类不用信息系统的数据进行标准化和规范化，辅助梳理和选择正确的数据；同时通过深度及关联的安全分析模型及算法，利用 AI 分析模型发现各系统存在的安全风险和异常的用户行为。在此基础上，实现统计特征学习、动态行为基线和时序前后关联等多种形式场景建模，最终为用户提供包含正常行为基线学习、风险评分、风险行为识别等功能的实体安全和应用安全分析能力，可作为企业 SIEM、SOC 或数据防泄露（Data Loss Prevention，简称 DLP）等技术和企业安全运营体系的升级，为企业提供内部安全威胁更精准的异常定位。

UEBA 主要包括三大功能模块，数据中心、场景分析（算法分析）层和场景应用层。各层之间采用集中的数据总线进行数据传输和交换，以此降低各类安全应用对底层数据存储之间的强依赖性，各层之间独立工作，方便后期的安全业务扩展和保障各层之间的稳定运行（图6-38）。

图 6-38　UEBA 功能架构图

数据中心是实现分析相关数据的集中采集、标准化、存储、全文检索、统一分析、数据共享及安全数据治理。具备数据自动识别、智能解析、用户和实体行为捕获，以及威胁情报关联碰撞和管理等数据治理能力。通过数据服务总线，向上提供数据服务，同时接受上层的分析结果统一存储。

场景分析层定义了 UEBA 的主要分析能力，包含 UEBA 分析引擎和内置分析场景。分析引擎包括实时分析、离线分析和分析建模能力，可辅助客户根据实际网络环境想定的异常场景进行建模分析，提供基于实体内容的上下文关联、基于用户行为的时空关联分析能力。

场景应用层包含了 UEBA 的主要功能用途，包括为客户提供用户总体风险分析、账户风险评分、单用户行为画像、用户群体画像、异常行为溯源，以及用户行为异常场景建模等功能，具备特征权重调整、风险自动衰减，以及自动化学习运维人员反馈等智能机制，同时提供原始日志、标准化日志及用户异常行为的快速检索与即席查询功能，如图6-39所示，辅助客户风险预警和风险抑制。

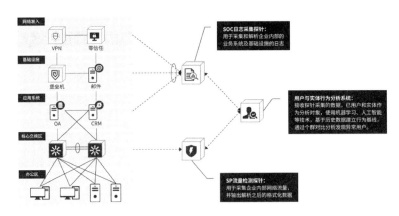

图 6-39　UEBA 功能业务图

6.9.3　应用场景

数据访问安全解决方案，能够对进出核心数据的访问流量进行数据报文字段级的解析操作，完全还原出操作的细节，并给出详尽的操作返回结果，通过内建的机器学习 AI 引擎，使用机器学习算法来确定用户和数据行为基准，以检测异常。

从客户的时间维度来看，数据的访问是有规律的，客户的业务时间也是有规律的。UEBA 可以根据用户历史访问活动的信息刻画出一个数据的访问"基线"，而之后则可以利用这个基线对后续的访问活动做进一步的判别。

场景描述：医院第三方运维人员众多，运维人员对数据访问权限过大，在缺乏相应的管理控制手段，很容易在利益驱动下窃取医药售卖情况等敏感信息、篡改运营数据甚至删库跑路等，给医院造成严重后果。

步骤1：UEBA 以高风险事件为切入点，发现某用户在短时间内，高频查询了敏感级别较高的数据，例如药物名称、药物金额等，且这段时间访问数据的敏感程度已经偏离了自身的历史基线，进而确认该用户账号可能存在问题。

步骤2：进一步排查分析，发现该用户违规进行了药物销量信息的统计查询操作，且在此之前，曾有过遍历数据库表的操作，疑似在检索敏感数据所存位置，结合步骤1高风险事件，进一步证实该账号存在违规盗取数据信息行为（图6-40）。

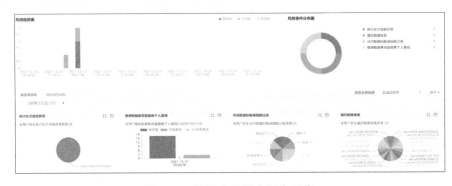

图 6-40　运维人员用户行为画像

场景描述：应用系统存在数据暴露面广且较难梳理问题，外部或者内部人员通过网络爬虫高频窃取应用系统中核心数据，或者利用第三方数据共享导致的 API 接口泄露，通过接口遍历的形式获取敏感数据。

步骤1：UEBA 以高风险事件为切入点，发现某用户在短时间内，存在高频访问敏感信息的行为，且从查询的 SQL 语句的查询内容及条件看，存在不断修改参数，进行遍历敏感查询数据的情况，该用户存在风险的可能性较大。

步骤2：进一步排查分析，发现该账号在查询敏感信息的同时，伴随着大量的相似 SQL 语句执行失败，或执行不同类型 SQL 语句执行失败的记录，说明该用户对数据库的表及表字段信息并不熟悉，存在大量的遍历猜测行为，进一步说明了该账号存在问题（图6-41）。

图 6-41　应用系统实体行为画像

6.10　数据审计（E）

6.10.1　概况

随着《中华人民共和国个人信息保护法》等安全相关法律法规的颁布，国家对于信息安全的保护要求越来越高。特别是《信息安全技术—网络安全等级保护评测要求》（GB/T 28448—2019，简称等级保护2.0）中明确提出，需要对数据库系统提供集中审计功能。

数据审计系统是一款基于对数据库传输协议深度解析的基础上进行风险识别和告警通知的系统，对主流数据库系统的访问行为进行实时审计，让数据库的访问行为变得可见、可查。同时，通过内置安全规则，可以有效地识别出数据库访问行为中的可疑行为并实时触发告警，及时通知客户调整数据的访问权限进而达到安全保护的目的。

数据审计系统可以监控每个数据库系统回应请求的响应时间，客户可以直观地查看到每个数据库系统的整体运行情况，为数据库系统的调整优化提供有效的数据支撑（图6-42）。

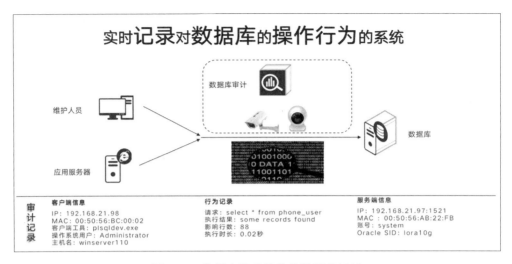

图 6-42　数据审计系统监控数据库运行

数据审计系统需支持审计主流的数据库系统，比如 Oracle、MySQL、SQLServer、Db2、MongoDB、HANA、人大金仓、Hbase、Hive 等数据库种类和版本，以满足客户复杂数据场景下的审计需求（图6-43）。

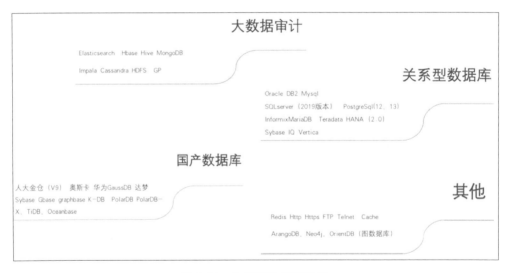

图 6-43　主流的数据库系统

数据审计系统还需支持大量风险识别的安全规则，安全规则分成 SQL 注入规则、漏洞攻击规则、账号安全规则、数据泄露规则和违规操作规则，通过审计行为和安全规则的匹配，发现违规操作，并给出告警和建议措施。

6.10.2　技术路线

第一代数据审计系统能记录对数据的访问，且审计结果可查询并展现；而对于审计全面性、准确性的要求则比较简单，有时甚至不太关注是否能够做到全面审计。更有甚者，有的厂商基于传统的网络审计产品简单改造或产品都未经改造只是概念包装后就推向市场的产品。招标参数，结果列出一堆网络审计产品要求：支持包括但不限于 HTTP、POP/POP3、SMTP、TELNET、FTP 等（图6-44）。

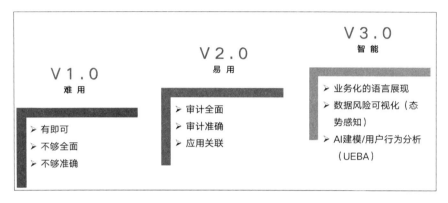

图 6-44　数据审计系统不同版本对比

第二代数据审计系统审计更加全面具体表现在（1）审计的内容全：能够全面记录会话和语句信息等；（2）兼容的数据类型全：能够兼容各种主流的关系型、非关系型数据库（NoSQL），以及大数据平台组件等。（3）审计准确，审计产品通过 DPI 技术对各种数据库通信协议进行分析，以还原通信包中的通信协议结构，继而准确识别 SQL 语句、SQL 句柄、参数、字符集等信息；通过"会话""语句""风险"之间的内在联系实现界面交互和线索关联，从而提升"审计追踪"的能力和便利性。从审计的角度，由于一个业务系统往往共用一个数据库用户，因此无法区分哪个业务人员触发了哪些数据操作，因此不能真正地满足追查的需要。为了满足这个需要，市面上出现了两类关联审计技术，一种是基于时间戳方式实现的关联审计，其关联审计信息并不准确，尤其在高并发场景中，正确率不超过50%；另一种基于插件通过 http 协议与数据库协议进行关联，理论上能实现应用关联审计100%的准确率。

三代数据安全审计产品统计和追踪按照业务的行为和分类来进行信息的组织和展现。不仅仅是审计记录的展现，还包括数据的组织，把分散的 SQL 语句，再组织成一个个业务操作，这个时候给业务人员展现的就不是每秒有多少个 SQL 操作，而是每秒有多少个业务操作。当前一个会话中的多条审计记录，组织成一个业务操作后，不仅仅是审计记录的展现，同时包括性能、类型统计、成功与失败、检索条件、报表都是基于业务操作为单位。数据审计系统的"风险监控能力"，是企业安全部门关注的重点，包括是否存在对数据资产的攻击、密码猜测、数据泄露、第三方违规操作、不明访问来源等安全风险。因此，系统需要支持更加全面、灵活的策略规则配置，准确的规则触发与及时告警的能力，从而在第一时间发现并解决风险问题，避免事件规模及危害的进一步扩大。此外，数据审计系统应具备自动化、智能化的学习能力，通过对重要数据资产访问来源和访问行为等的"学习"，建立起访问来源和访问行为的基线,并以此作为进一步发现异常访问和异常行为的基础。

数据审计系统从产品功能框架上可以自下而上分成流量输入、协议解析、规则匹配、数据入库、数据输出和系统管理几个部分(图6-45)。

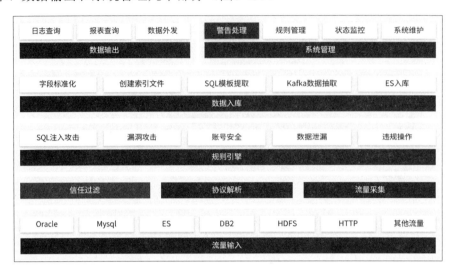

图 6-45　数据审计系统产品功能框架

流量输入层是接入需要审计的流量信息,并对流量进行二三层网络协议和TCP层协议进行解析,提取IP、端口等信息,并根据信任过滤(过滤规则)去除不需要进行审计的流量。协议解析层的功能是按照各种不同数据库的传输协议解析数据包中包含的有效信息,提取出数据库名称、SQL语句、客户端工具等信息,一般知名的数据审计系统在协议解析领域已经积累多年的经验,对数据库协议有着很深的理解,对流量的解析精确且全面。规则引擎的功能是将数据库协议解析出来的 SQL 语句和安全规则进行匹配,以此来发现 SQL 语句中存在的可疑风险,基于有限状态机(Deterministic Finite Automaton,简称 DFA)的 AC 算法进行匹配,实现多条安全规则只需进行一次匹配,实现了高效的规则匹配。如果规则匹配的过程中没有发现风险,那么需要将 SQL 语句进行字段标准化形成一条审计日志,如果发现了风险,还会根据风险级别相应地产生一条标准化的告警日志,为了达到审计日志和告警日志可回溯,需要将日志进行存储,此时入库程序就会将产生的日志存储到磁盘当中。当需要进行审计日志和风险日志查询时,数据审计系统的数据输出模块提供了Web 端查询功能,并且还可以将这些日志信息通过 syslog、Kafka 的方式将日志发送到第三方的平台。系统管理模块提供了丰富的管理功能,包括了规则管理、软件升级等功能。

6.10.3　应用场景

业务应用系统/运维人员一般会通过网络和数据库进行数据的交互,通过部署数据审计系统实现用户、业务访问的审计。常见的数据审计部署场景有两种,镜像部署方式和 Agent 代理客户端部署方式。

（1）镜像部署。该方式审计系统时采用旁路部署，不需要在数据库服务器上安装插件，不影响网络和业务系统的结构，无须与业务系统对接，与数据库服务器没有数据交互，也不需要数据库服务器提供用户名和密码（图6-46）。

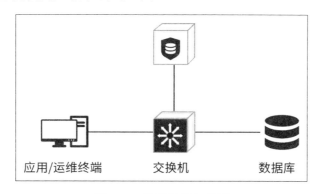

图 6-46　镜像部署拓扑图

（2）Agent 代理客户端部署。该方式不需要云环境底层支持流量镜像，只需要安装 Agent 即可完成云环境数据库的安全审计，一般支持主流的云环境中的主流的 Linux 和 Windows 等虚拟主机（图6-47）。

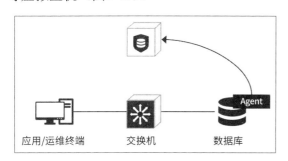 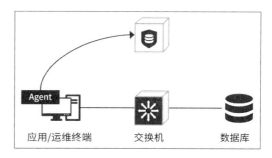

图 6-47　Agent 代理客户端部署拓扑图

反侵权盗版声明

电子工业出版社依法对本作品享有专有出版权。任何未经权利人书面许可，复制、销售或通过信息网络传播本作品的行为；歪曲、篡改、剽窃本作品的行为，均违反《中华人民共和国著作权法》，其行为人应承担相应的民事责任和行政责任，构成犯罪的，将被依法追究刑事责任。

为了维护市场秩序，保护权利人的合法权益，我社将依法查处和打击侵权盗版的单位和个人。欢迎社会各界人士积极举报侵权盗版行为，本社将奖励举报有功人员，并保证举报人的信息不被泄露。

举报电话：（010）88254396；（010）88258888

传　　真：（010）88254397

E-mail：dbqq@phei.com.cn

通信地址：北京市万寿路南口金家村288号华信大厦

　　　　　电子工业出版社总编办公室

邮　　编：100036